Das Quantenfeld

Joachim Strienz

Das Quantenfeld

18 Szenen
zur
Quantenphysik

Joachim Strienz ist Arzt und Verfasser zahlreicher Patientenratgeber. Im Vordergrund stehen Hormon- und Erschöpfungserkrankungen. Vor Jahren wurde er auf die Quantenphysik aufmerksam. Seither hat sie ihn nicht mehr losgelassen. Vor allem philosophische Fragen interessieren ihn. Welchen Einfluss hat die Quantenphysik auf den Alltag des modernen Menschen?

Bibliografische Information der Deutschen Nationalbibliothek
Die Deutsche Nationalbibliothek verzeichnet diese Publikation in der Deutschen Nationalbibliografie. Detaillierte bibliografische Daten sind im Internet über www.dnb.de abrufbar.

© 2013 Joachim Strienz
Fotos: Jutta Stoerl Strienz

Satz, Umschlaggestaltung, Herstellung und Verlag:
BoD – Books on Demand

ISBN 978-3-8482-4723-3

für

Anneliese Strienz

Das Thema dieses Buches ist die Quantenphysik. Dieser Teil der Physik wurde vor über einhundert Jahren entdeckt. Unser Leben ist ohne die technischen Errungenschaften der Quantenphysik wie Mobiltelefone oder Magnetresonanztomografie nicht vorstellbar, denn wir alle profitieren sehr davon. Erstaunlich ist aber, dass dieser tiefgreifende Wandel in unserer Gesellschaft philosophisch und erkenntnistheoretisch bisher kaum nachvollzogen worden ist.

In 18 Szenen werden verschiedene Aspekte der Quantenphysik dargestellt. Dies geschieht auf eine spielerische, manchmal auch auf eine skurrile Weise. Es ist also kein wissenschaftliches Werk. Die Unterhaltung des Lesers spielt eine wichtige Rolle. Dazu tragen überlieferte Mythologien und das Flair einer Cocktail-Bar bei.

Inhaltsverzeichnis

Verzeichnis der Personen 9

Vorwort 11

1. Szene
Die Entzauberung der Welt durch die Physik . . . *Artus* 13

2. Szene
Wellen und Teilchen . . . . *Admetos* 25

3. Szene
Quantenvakuum . . . . *Medusa* 39

4. Szene
Schrödingers Katze . *Trio (Einstein, Pauli, Schrödinger)* 49

5. Szene
Holografie . . . . *Leto* 59

6. Szene
Stringtheorie . . . . *Orpheus* 67

7. Szene
Akasha-Chronik . . . . *Ariadne* 77

8. Szene
Ich erschaffe mir meine Welt . . . . *Sisyphos* 85

9. Szene
Schamane . . . . *Medea* 97

10. Szene
Gedächtnis . . . . *Ödipus* 107

11. Szene
Nullpunktenergie . . . . *Brahma* 117

12. Szene
Nah-Tod-Erfahrung . . . . *Shiva* 125

13. Szene
Unschärfe und Nichtlokalität . . . . *Vishnu* 133

14. Szene
Vogelflug . . . . *Rama* 141

15. Szene
Evolution . . . . *Krishna* 149

16. Szene
Urknall . . . . *Buddha* 159

17. Szene
Schwäne . . . . *Kalki* 169

18. Szene
Kinder . . . . *Gilgamesch* 179

Danksagung 188

Verzeichnis der Personen

Andreas Steinfeld	Arzt und Autor, genannt Andy
Jutta	Steinfelds Frau
Siegfried Hahn	Wissenschaftler, Freund von Andreas Steinfeld, genannt Siggi
Dino	Barkeeper
Albrecht Keller	String-Theoretiker
Eva und Rainer Kindler	Fotografen und Filmemacher
Nora und Marco Weber	Designer
Soraya	Ballett-Tänzerin
Gianfranco Moretti	Künstler und Yogi
Tsangu	Medizinmann der Hopi
Professor Jurmala	Hirnforscher
Beat Kuni	Chaosforscher
Pia und Nick	Nichte und Neffe von Andreas Steinfeld

Vorwort

Zu Beginn des 20. Jahrhunderts wurde die Quantenphysik entdeckt. Sie ermöglichte vielfältige technische Entwicklungen wie das Mobiltelefon oder die Magnetresonanztomografie, um nur zwei Beispiele zu nennen. Erstaunlich ist, dass dieser tiefgreifende Wandel auch heute noch in unserer Gesellschaft philosophisch und erkenntnistheoretisch kaum nachvollzogen worden ist. Das Buch versucht dies nachzuholen. In 18 Szenen werden verschiedene Aspekte der Quantenphysik dargestellt. Die Mythologie verbindet das Vergangene mit dem Heutigen. Sie ist Teil der Geschichte der Menschheit. Sie wirkt auch noch in unsere Zeit. Alle Ebenen und Hierarchien sind miteinander verbunden. Nichts ist isoliert zu sehen. Alles informiert sich gegenseitig.

Die Bar o.T. ist Schauplatz vieler Gespräche. Sie bildet den Rahmen für den Informationsaustausch. Sie erleichtert den Zugang zu Informationen und knüpft Verbindungen. Exotische Cocktails, bunt schillernd und kunstvoll zubereitet, beflügeln den Geist. Unsere Welt ist kreativ, grenzenlos, dynamisch, aber auch instabil. Sie ist nicht materiell angelegt, sondern geistig. Es liegt an uns, sie zu stabilisieren.

Unser Gehirn ist zunächst nicht in der Lage, die Quantenphysik zu verstehen. Der moderne Mensch hat sich in Tausenden von Jahren an seine Umwelt angepasst. Das Gehirn soll uns am Leben erhalten und uns zeigen, wo wir Nahrung finden. Wir kennen nur die Gegensatzpaare „Ja" oder „Nein". Bevor ich etwas tue, prüfe ich diesen Sachverhalt. „Erreiche ich meinen Wunsch?" Wenn „Nein", dann lasse ich es sein.

Die Natur hat eine ganz andere Logik, und die Quantenphysik hat erstmals in der Geschichte der Menschheit diese Logik erkannt und für uns sichtbar gemacht. Das ist ihr großer Verdienst. Die Quantenphysik beschreibt die mehrwertige Logik. Es gibt mehr als „Ja" oder „Nein". Es gibt ein „Dazwischen". Ein „Sowohl-als-auch". „Das Unentschiedene". Daran werden wir uns gewöhnen müssen.

Die Quantenphysik zeigt uns eine Welt voller Ermutigung und Optimismus. Wir leben in einer viel größeren Welt als wir bisher angenommen haben und wir haben Einfluss auf diese Welt. Wir können sie gestalten. Unsere Welt, wie wir sie bisher gekannt haben, ist nur ein winziger Teilbereich innerhalb unserer Möglichkeiten. Viele belastende Dinge um uns herum sind menschengemachte Erscheinungen. Wir können sie alle wieder ändern.

1. Szene

Die Entzauberung der Welt durch die Physik

Artus

Gedankenversunken ging ich die große Einkaufsstraße entlang. Die Geschäfte würden bald schließen. Leute mit Einkaufstaschen hasteten vorbei. Ich war auf dem Weg ins o.T. Wenn ich in die Bar o.T. ging, war normalerweise Jutta dabei, diesmal war ich alleine. Sie war heute nach Hannover gefahren zu einer Fortbildung. Darauf hatte sie sich sehr gefreut. Studienkollegen wollte sie treffen und erst morgen wieder zurückkommen. Siggi war heute in der Praxis gewesen. Über zwanzig Jahre hatten wir uns nicht gesehen. Da stand er plötzlich und fragte nach einem Rezept für sein Medikament. „Hast Du Zeit, später, auf ein Bier?" „Lass uns ins o.T. gehen", hatte ich geantwortet und er war wieder gegangen. Siggi kannte ich als ich jung war. Damals saßen wir in der Schule nebeneinander. Immer hatten wir einander irgendetwas zu erzählen, bis die Lehrer ärgerlich dazwischen gingen. Danach waren wir wieder eine Zeitlang still. Später hatten wir uns ganz aus den Augen verloren. Er bekam im Handumdrehen einen Studienplatz, ich dagegen musste warten und konnte erst später an die Uni.

Das „o.T." ist eine große Bar im Eingangsbereich des Kunstmuseums. „o.T." ist die Abkürzung für „ohne Titel". Das schreiben Künstler unter ihre Bilder, wenn ihnen kein Titel dazu einfällt. Ich bog um die Ecke und sah den großen Platz.

Tische standen noch draußen und einige Leute saßen im Freien, in Decken eingehüllt. Die Raucher, dachte ich. Drinnen schaute ich mich um. Siggi war noch nicht da. Pünktlichkeit war wohl nicht seine Stärke. Ich winkte Dino. Der Barkeeper nickte lächelnd. Die schönsten Plätze waren direkt am Fenster mit Blick auf den großen Platz. Dort war noch ein Tisch frei. Dino kam mit der Karte, aber ich bestellte gleich eine Margarita. „Mit Salzrand", fügte ich hinzu.

Mein Blick streifte nach draußen und ich beobachtete die Leute. Ein junges Paar unterhielt sich sehr lebhaft gestikulierend, dann küsste sie ihn.

Eine Margarita wird mit Tequila zubereitet. Für den Salzrand braucht man eine flache Schale mit Salz. Nachdem der Glasrand in einem Limettenviertel gedreht wurde, wird das Glas in eine Schale mit Salz getupft. An den feuchten Stellen bleibt das Salz haften. Überschüssiges Salz wird durch leichtes Klopfen am Glas wieder entfernt. Zum Tequila kommt jeweils die gleiche Menge an Cointreau und Zitronensaft hinzu. Alles wird mit Eiswürfeln geschüttelt und danach durch ein Sieb in das vorbereitete, gekühlte Glas gegossen.

Dino stellte das Glas auf den Tisch. Es duftete nach Limette. „Du bist alleine?" „Jutta ist in Hannover und ich warte auf einen Freund." Ich blickte rückwärts und sah Siggi. „Hallo, ich habe noch mit meinem Chef telefoniert", sagte er und zog seine Jacke aus. „So spät?" „Die wollen doch, dass ich wieder zurückkomme, ich habe meinen Vertrag aber noch nicht unterschrieben." Er setzte sich. Sofort stand Dino neben ihm und sah ihn fragend an. „Mojito!" Dino nickte. „Seit ich in Island war, trinke ich gerne Mojito. Dort gab es so viele Variationen, aber das war vor der Finanzkrise. Ich glaube mit der Minze wird es dort jetzt etwas schwierig." Das wusste ich, dass für Mojito frische Minzeblätter benötigt werden. Die kommen in einen Limettensaft, der mit Puderzucker gesüßt wurde und sie werden dann mit einem Stößel zerkleinert. Anschließend wird das Glas mit gestoßenem Eis gefüllt. Danach wird der Rum darüber gegossen. Zum Schluss noch etwas Mineralwasser über das Eis, zwei kurze Trinkhalme reinstecken und fertig.

Wir blickten gemeinsam ins Freie, als ob die Gedanken erst synchronisiert werden müssten.

„Deine Praxis gefällt mir gut", sagte er höflich. Ich nickte lächelnd und dachte, dass demnächst eine größere Renovierung anstehen würde. „Bist Du jetzt wieder hier, Du warst doch lange in München?" „Ich habe ein Jahr für den großen Automobilkonzern gearbeitet und der Vertrag ist jetzt eigentlich wieder ausgelaufen. Ich bin Quantenphysiker. Aber das weißt Du wahrscheinlich. Die wollen, dass ich jetzt verlängere. Ich denke gerade darüber nach. Ich könnte auch an die Uni zurück. Wusstest Du, dass ein Drittel des Bruttosozialproduktes in Deutschland auf Anwendungen der Quantenphysik zurückzuführen ist? Die Bedeutung der Quantenphysik wird immer weiter zunehmen. Computer, Handys, Solarzellen, aber auch die Kernspintomografie bei euch Ärzten sind Ergebnisse der Quantenphysik. Die Quantentheorie ist die beste und genaueste Theorie, die uns heute in der Physik zur Verfügung steht. Ihre Vorhersagekraft ist bisher noch an keinerlei Grenze gestoßen. Sie ist die größte wissenschaftliche Revolution der

Neuzeit. Das erstaunliche ist allerdings, dass Physiker sehr gut mit dem mathematischen Formalismus umgehen können, dass ihnen aber leider das philosophische Verständnis fehlt." „Und umgekehrt auch", bemerkte ich trocken, „jeder hat ein Handy, aber keiner weiß, wie es funktioniert."

Auf dem Vorplatz war gerade ein äußerst geschickter Radfahrer mit einem Mountainbike erschienen, der über den Treppenabsatz fuhr und anschließend nach einem schnell gefahrenen Kreisel vor unserem Fenster stehen blieb. Ich dachte an die junge Patientin mit den Lebermetastasen vor ein paar Tagen, die weiter mit der Kernspintomografie abgeklärt werden sollten und an die alte Dame mit der Gefäßmissbildung im Gehirn, die Blutverdünnungsmittel einnehmen musste. Ich nippte an meiner Margarita. Sie war köstlich. Ich dachte an Margaret Sames aus Chicago, die 1948 in Acapulco den Cocktail erfunden haben soll. Nach mehreren Versuchen mit Tequila und Cointreau fand sie schließlich das richtige Mischungsverhältnis heraus.

„In der klassischen Physik", begann Siggi, „also der Mechanik, der Wärmelehre oder der Elektrizität, war das Experiment von großer Bedeutung und es wurde eine hohe Genauigkeit der Messungen gefordert. In der klassischen Physik hatten die einzelnen Objekte Wechselwirkungen zueinander wie bei einem Uhrwerk, behielten aber ihre Eigenständigkeit bei. Der große Unterschied zur Quantentheorie besteht nun darin, dass das vollendete quantenphysikalische System nur in den seltensten Fällen tatsächlich noch aus den Teilen besteht, aus dem es einmal zusammengesetzt wurde. Ein Gegenstand wie etwa dieser Tisch besteht zwar aus Atomen, als Ganzes gesehen, existieren aber nun ganz neue Eigenschaften. Die klassische Physik stellt eine weniger genaue Beschreibung der Welt dar als die

Quantenphysik." „Wie ist das mit der „Unschärfe"? Daran kann ich mich noch aus dem Physikunterricht erinnern." „Ein großes Missverständnis", begann Siggi. „Unschärfe hat nichts mit „Ungenauigkeit" zu tun. Besser wäre es, dieses Merkmal der Quantenphysik als „Unbestimmtheit der Messergebnisse an Quantenobjekten" zu bezeichnen. Wenn Du und ich uns noch nicht entschieden haben, ob wir noch einen Cocktail nehmen oder ob wir nach Hause gehen, dann ist daran überhaupt nichts unscharf. Wir wissen genau, wie der Cocktail schmeckt, aber wir sind noch unbestimmt, solange wir noch keine Entscheidung getroffen haben. In der klassischen Physik ist eine solche Unbestimmtheit nicht gegeben. In der klassischen Physik setzt sich das Gesamtsystem aus der Summe aller Teilsysteme zusammen. Die Mathematik beschreibt dieses Zustandsbild als Addition. Ein Quantensystem ist mehr als die Summe seiner Teile. Es ist das Produkt seiner Teilsysteme. Die Mathematik beschreibt dieses Zustandsbild dann als Multiplikation. Ich gebe Dir ein Beispiel: Angenommen, Du hast fünf verschiedene Kaffeetassen und fünf verschiedene Untertassen. Die Teile wirken in der klassischen Physik additiv, sie werden also 5+5=10 zusammengefasst. In der Quantenphysik wirken sie multiplikativ, also 5x5=25. Es ist wie bei Beziehungen im Alltag. Sie wachsen nicht additiv, sondern multiplikativ mit der Zahl ihrer Mitglieder. Quantenphysik ist eine Physik der Beziehungen."

„Hast Du noch Lust auf einen Mojito?", fragte ich und gab Dino ein Zeichen. Er zeigte auf unsere leeren Gläser und ich nickte. Mojito verdankte seine Verbreitung über Kuba hinaus Ernest Hemingway. Rum und Minze passen einfach gut zueinander.

„Weißt Du, dass es mir ziemlich schlecht geht, seit sich meine Frau von mir getrennt hat? Meine Beziehungen funktionieren schlecht. Es ist wie bei König Artus, hat mir mein Psychologe erklärt."

„Auch eine Dreiecksbeziehung?" Ich dachte an Sir Lancelot und Guinevere, Artus Frau.

„Andreas, genau das ist es."

„Aber Ihr habt keine Kinder, oder?" fragte ich. „Meine Frau hatte den Tim schon, als wir uns kennenlernten, und wir trugen Kämpfe aus wie Artus mit seinem Sohn Mordred."

„Wo hast Du Dein Schwert?" fragte ich und dachte an Excalibur, das Schwert von König Artus. König Artus wurde König, weil nur ihm es gelang, das Schwert Excalibur aus dem Stein zu ziehen. Alle anderen vor ihm waren daran gescheitert.

„Die Wissenschaft ist mein Schwert." „Und die Tafelrunde?"

König Artus hatte die edlen Ritter Sir Parceval und Sir Lancelot, aber auch Sir Galahad um sich versammelt. Ein Stuhl, der so genannte Platz der Gefahr, blieb frei. Es hieß, dass jeder Ritter, der sich auf ihn setzte, sterben würde und dann die Tage der Tafelrunde gezählt seien. Da sich aber mehr und mehr Ritter auf diesen Stuhl setzten, zerfiel tatsächlich die Tafelrunde. Schwigig war das Verhältnis von Artus zu seiner Schwester Morgan le Fay. Einmal hatte sie sein Schwert gestohlen, damit einer ihrer Liebhaber Artus besiegen konnte. Sie hatte auch die Affäre zwischen Lancelot und der Königin öffentlich gemacht, andererseits hatte sie Artus oft unterstützt und ihn nach einer Verletzung im Kampf gepflegt. Mir fiel ein, dass sich ja die ganze Geschichte mit Artus in Südengland, in Cornwall, ereignet hatte und Jutta und ich gerne wieder einmal dorthin fahren wollten.

„Vor ein paar Jahren habe ich viele englische Gärten gesehen. Sissinghurst war dabei. Ein altes Schloss mit einem herrlichen Garten. Ich hatte bis dahin noch nie so viele verschiedenfarbige Iris gesehen. Alle Farbschattierungen waren vorhanden. Bemerkenswert war auch der White Garden. Neben einer Gartenterrasse wuchsen bevorzugt weiße, im Mondlicht leuchtende Pflanzen."

Dino brachte unsere Cocktails. Ich erhob mein Glas und wir nickten uns zu.

„Wenn Quantenphysik unseren Alltag bestimmt, warum blieb sie uns dann doch so verborgen? Gibt es denn eine eigene Quantenwelt?" fragte ich.

„Wir können ihr nur indirekt über ihre Wirkungen begegnen, die bis zu unseren Sinnen reicht. Aber wir müssen bereit sein, diese Wirkungen zu erkennen. Dafür brauchen wir ein Gedankengebäude und das ist die Quantentheorie", sinnierte Siggi.

„Jetzt hat doch die Physik in so erheblichem Maße zur Entzauberung der Welt beigetragen, handelt es sich hier um eine Wiederverzauberung der Welt?"

„Um die Quantenphysik erklären zu können, musst Du auf der klassischen Physik aufbauen. Du musst Dir Gedanken über Raum und Zeit machen. Alle psychologischen Interpretationen interessieren zunächst nicht. Du definierst, was eine Linie, eine Fläche oder ein Raum ist. Das bedeutet, dass Du jetzt jeden beliebigen Punkt im Raum durch drei Zahlen beschreiben kannst. Wenn Du ein System hast, das sich nicht um seine eigene Achse dreht, beschreiben Teilchen, die sich in diesem System bewegen, eine Gerade. Als nächstes musst Du die Zeit einführen. Zeit basiert auf Ereignissen. Ich klopfe jetzt auf den Tisch und zähle bis zehn. Ich kann jetzt sagen, beim fünften Klopfen hast Du gegähnt. Es gibt jetzt ein Vorher und ein Nachher. Wenn wir das Klopfen auf unsere Teilchen beziehen, dann können wir jetzt auch die Geschwindigkeit der Teilchen definieren: Die Geschwindigkeit eines Teilchens ist die Länge des zurückgelegten Weges geteilt durch das an unserem Klopfen abgelesene Zeitintervall. Das ist jetzt sehr vereinfacht dargestellt, außerdem braucht die Physik natürlich genaue Messgeräte, aber zum Verständnis der Zusammenhänge reicht diese Vorstellung aus. Die klassische Physik ist eng mit Isaac Newton verbunden, dessen Experimente und Erkenntnisse ihre Grundlage bilden. Um weitere Erkenntnisse zu bekommen müssen wir das System idealisieren. Dann können wir Abweichungen exakt feststellen und deren Ursachen angeben. Ein Begriff fehlt noch, das ist die physikalische Zeit. Wir greifen uns ein spezielles Teilchen heraus und passen unser Klopfen und Zählen so geschickt an, dass die damit gemessene Geschwindigkeit des Teilchens immer dieselbe ist. Um in diesen idealisierten Systemen messen zu können, brauchen wir technische Geräte. Hier zeigt sich erstmals wie wichtig für die Physik die Technik ist. Nur mit ihr lassen sich neue Erkenntnisse gewinnen. Das geradlinige, gleichförmige Verhalten des freien Teilchens ist das Normalverhalten, ein Abweichen führen wir auf Ursachen zurück. In der Newtonschen Mechanik wird dies mit Hilfe von Kräften beschrieben. Kräfte ausüben kann man z. B. mit Metallfedern, die sich spannen lassen. Abhängig von ihrer Masse lösen gleiche Kräfte unterschiedliche Beschleunigungen der Teilchen aus. Kraft ist gleich Masse mal Beschleunigung. Kräfte lassen sich addieren oder heben sich auf. In der Physik werden sie als Pfeile dargestellt. Sie werden dann als Vektoren bezeichnet. Im elektrischen Feld, das wir durch Reiben eines Gegenstandes aus Plastik an einem Tuch erzeugen können stoßen sich Materialien derselben Sorte untereinander ab, verschiedene Materialien ziehen sich gegenseitig an."

Siggis Blick wandte sich plötzlich zum Eingangsbereich. Die Eingangstür hatte sich geöffnet und mehrere Paare mit Geschenkpaketen traten ein. Fast alle Damen trugen Pelzmäntel. Zobel oder Nerz. Lockeren Schritts mit schwingenden Säumen gingen sie vorbei und verschwanden im Aufzug, um ins Restaurant unter dem Glasdach zu gelangen. Wer Pelz trägt, ist selbstbewusst. Siggi schaut wieder zu mir. Wir grinsen uns beide an. „Wer ist wohl der Jubilar?" Bank und Geld sind meine Gedanken. Die Männer in dunklen Anzügen. Keine Politiker. Der Blick ging nach draußen. Leichter Schneefall hatte eingesetzt.

„Die meisten philosophischen Probleme der Quantenphysik sind ihre Interpretationen. Dieses Problem gibt es nur bei der Quantenphysik, denn die klassische Physik erfordert keine Interpretationen", sinnierte Siggi. „In der klassischen Physik sind die Position, die Geschwindigkeit und die Beschleunigung eines Objekts genau definiert und man weiß genau, was die Messwerte bedeuten. Theorie und Realität unterscheiden sich nicht. Die Quantenphysik beruht auf vier Prinzipien. Erstens auf der Wellenfunktion. Jedes Objekt im Universum wird durch eine quantenmechanische Wellenfunktion beschrieben, also eine mathematische Funktion, die überall im Raum einen Wert hat. Es ist die Schrödinger-Gleichung. Erwin Schrödinger, der Österreicher. Er war ein Semester hier in Stuttgart. Das zweite Prinzip sind die erlaubten Zustände. Ein Quantenobjekt kann nur in einem, aus einer begrenzten Zahl von erlaubten Zuständen beobachtet werden. Das ist der Ursprung für den Begriff „Quantensprung", also für eine deutliche Änderung zwischen zwei Bedingungen. Drittens:

die Wahrscheinlichkeit. Die Wellenfunktion eines Objektes bestimmt die Wahrscheinlichkeit, dass es in einem der erlaubten Zustände gefunden wird. Mit der Wellenfunktion lassen sich nur Wahrscheinlichkeiten berechnen und keine absoluten Ereignisse. Dies ist ein Konzept, das für Menschen, die mit der klassischen Physik groß geworden sind, ziemlich verstörend wirkt, denn dort konnte man das Ergebnis einer Untersuchung mit absoluter Sicherheit voraussagen. Experimente unter den gleichen Voraussetzungen können in der Quantenphysik zu vollkommen unterschiedlichen Ergebnissen führen. Diese Zufälligkeiten sind ein philosophisches Problem. Einstein sagte damals, dass Gott nicht würfle. Und viertens: die Messung. Es ist ein aktiver Vorgang. Die Ausführung der Messung erzeugt die Realität, die wir beobachten. Das ist der Kern. Der Zustand eines Objekts wird durch die Messung endgültig festgelegt. Die Ausführung der Messung erzwingt die Realität, die wir beobachten."

„An diese Aussage muss ich mich erst gewöhnen. Irgendwie klingt das etwas seltsam", bemerkte ich.

„Diese vier Grundsätze sind die zentralen Elemente der Quantenphysik", sprach Siggi weiter. „Wir verwenden die Schrödingergleichung, um Wellenfunktionen und die erlaubten Zustände eines physikalischen Objektes zu berechnen. Aus der Wellenfunktion bestimmen wir die Wahrscheinlichkeitsverteilung, doch die Wahrscheinlichkeitsverteilung verrät uns noch nichts über die genauen Ergebnisse einer einzelnen Messung. Das ist genau der Punkt, an dem die Physik gezwungen wird, zur Philosophie zu werden. Ich werde Dir ein andermal von der so genannten Kopenhagener Deutung erzählen."

Wir waren beide ein bisschen müde geworden.

„Wenn Du Lust hast, reden wir ein andermal weiter."

Ich dachte daran, dass morgen sicherlich ein anstrengender Tag sein würde. „Gerne", sagte ich.

Wir bezahlten. Ich verabschiedete mich zuerst von Dino, dann von Siggi und nahm den 44er Bus nach Hause.

König Artus lebte in Zeiten großer Veränderungen. Die Römer hatten Britannien aufgegeben und ihn, den Kelten, als Statthalter eingesetzt. Die römischen Traditionen lebten zunächst weiter. Er war das Bindeglied von der alten zur neuen Welt. Würde jetzt alles anders werden? Würden alle Verbindungen zum Mittelpunkt Europas jetzt abgebrochen werden? Niemand wusste es damals.

2. Szene

Wellen und Teilchen

Admetos

Admetos, ein griechischer König, hatte Artemis, die Zwillingsschwester Apollons, Göttin der Jagd, des Waldes und die Beschützerin aller Kinder und Frauen beleidigt. Zur Strafe sollte er sterben. Artemis galt als grausame und strenge Göttin. Apollon konnte zwar bei Artemis erreichen, dass Admetos weiterleben dürfte, aber nur dann, wenn eine andere Person bereit wäre, für ihn zu sterben. Admetos fragte seine Eltern. Sie waren alt. Eigentlich wäre es ja nicht so tragisch, wenn diese etwas früher sterben würden und der Sohn dafür weiterleben könnte. Aber sie waren dazu nicht bereit. Sie wollten noch nicht sterben und in die Unterwelt gehen. Es fand sich auch sonst niemand, der bereit gewesen wäre, für ihn zu sterben. Die Situation war verfahren. Dann meldete sich überraschend seine Frau Alkestis zu Wort und bot Admetos an, für ihn zu sterben. Admetos war einverstanden. Zunächst passierte nicht viel, Apollon wollte ja seine guten Beziehungen zur Unterwelt spielen lassen, aber schließlich war es dann doch soweit, Alkestis sollte nun für Admetos sterben. Alkestis war bereit für den Weg in die Unterwelt. Sie wurde von Tag zu Tag immer schwächer und schwächer. „Die Kinder brauchen den Vater dringender als die Mutter", sagte sie. „Heirate nicht wieder, denn die Frau nach mir wird den Kindern keine gute Mutter sein." Admetos versprach es ihr. Dann starb sie. Admetos war entsetzt. Seine geliebte Frau war tot. Er war wütend auf seinen Vater. „Warum bist Du nicht gestorben?" „Sohn, Du bist ein Feigling", rief der Vater. Trauer und Bestürzung breitete sich aus. Plötzlich betrat ein fröhlicher Wanderer das Trauerhaus, und bat um Einlass. Admetos war zu erschöpft, jedoch gebot es die Gastfreundschaft, dass man keinen abweist. Es war Herakles, der es sich in der Küche bequem machte, und auch bald zu essen und zu trinken bekam. Die Bediensteten mokierten sich über das Zechgelage. Die Stille im Haus kam Herakles seltsam vor. Auf die Frage, ob jemand verstorben sei, verneinte Admetos zunächst. Er wollte den Gast nicht stören. Als Herakles schließlich doch erfuhr, was passiert war, bot er seine Hilfe an. Vielleicht schon ein bisschen vom Wein angeheitert, erklärte er sich bereit, in die Unterwelt hinabzusteigen und Alkestis zurückzuholen. Er stand auf und ging hinaus. Und tatsächlich kehrte er nach einiger Zeit mit einer verschleierten Frau zurück. Herakles wollte Admetos prüfen. Er bot ihm eine Frau an, die er als Sieger in einem Kampf gewonnen habe, als Ersatz für die verstorbene Alkestis. Admetos lehnte mehrfach ab. Schließlich lüftete Herakles den Schleier und vor ihm stand Alkestis.

„Kanntest Du das Drama Alkestis des Euripides?", fragte mich Siggi, als wir uns am nächsten Abend wieder trafen. „Nein", sagte ich. „Er selbst hat das Stück vor 2500 Jahren geschrieben und diese Geschichte ist immer noch so spannend wie damals. Er hat allerdings bei dem Wettbewerb nur den zweiten Preis für das Drama bekommen. Erster wurde Sophokles. Griechenland war der Mittelpunkt der Welt. Es war eine Zeit, in der neue Religionen und Philosophien entstanden. Bei den Chinesen Konfuzius, bei den Indern Buddhismus und Hinduismus und bei den Juden der Glaube an einen Gott Jahwe. Die übrige Welt war im Tiefschlaf."

„Es gab natürlich Kriege, Deportationen, Massaker und Zerstörungen von Städten. Plötzlich wurde allerdings Moral, Ethik, Gerechtigkeit und Respekt vor anderen Menschen hervorgehoben. Der Mensch sollte nichts unbesehen glauben, jeder sollte sich selbst ein Bild machen können. Auch die alten Mythen wurden neu bewertet. Die Naturphilosophen suchten nach einer rationalen Grundlage für die alten Mythen. Die Welt war aus einem Urstoff hervorgegangen. Nicht durch göttliche Initiative sondern durch kosmische Gesetzmäßigkeiten. Das war der Beginn der Physik. Gleichzeitig entwickelten die Athener ein neuartiges Ritual, das Drama. Bei einem religiösen Fest wurden feierlich die alten Mythen inszeniert und gleichzeitig auf ihre Gültigkeit überprüft. Das Publikum wurde zu Richtern. Der Mythos wurde eigentlich nicht in Frage gestellt. Es ging um die Frage der Identifikation. Waren die Götter wirklich gerecht? Die Tragödien wurden zum Fest des Dionysos aufgeführt. Wahrscheinlich waren sie bedeutsam bei der Initiation junger Athener, die sie dadurch zu Erwachsenen machte. Wie bei jeder Initiation zwang die Tragödie das Publikum, sich Tabus zu stellen und Extremsituationen zu durchleben."

„Gestern haben wir uns über die Quantenphysik unterhalten. Ein paar Dinge sind mir durch den Kopf gegangen, die ich Dich heute fragen könnte. Ist es denn so, dass sich die klassische Physik auf den Makrobereich, also auf das Sichtbare und die Quantentheorie auf den Mikrobereich, das Unsichtbare, bezieht?"

„Nein Andreas, das ist nicht richtig. Auch die Quantenphysik beschreibt Systeme, die über große Entfernungen wirken. Der entscheidende Unterschied zur klassischen Physik besteht darin, dass die Quantentheorie darüber hinaus Phänomene erklären kann, bei der die klassische Physik versagt hat."

Wir schwiegen eine Weile. Dino, der Barkeeper, war mit organisatorischen Dingen beschäftigt und hatte uns nicht gesehen. Wir waren allerdings bisher auch seine einzigen Gäste. Es war sehr ruhig heute.

„Physiker halten Philosophie für unnötig", sagte Siggi. „Es ist klar, dass man zur erfolgreichen Anwendung der Physik keine Philosophie braucht. Aber man benötigt auch keine Moral, um ein effizienter Politiker zu sein. Das hat mein früherer Chef immer gesagt."

Nun erschien Dino doch noch und fragte, was wir trinken wollten. Ich bestellte einen White Russian und Siggi einen Brandy Alexander.

In dem Kinofilm „The Big Lebowski" von 1998 trank Jeffrey Lebowski White Russian. Dadurch bekam das wodkahaltige Getränk eine gewisse Berühmtheit. Wenn auch Lebowski seinen White Russian mit Milch trank, so wird er klassischerweise eigentlich nur mit Sahne zubereitet, denn Sahne ist ein besserer Geschmacksverstärker als Milch. Der White Russian zählt zu den Sweet Cocktails und ist einer der berühmtesten Floats. Floats sind Drinks, bei denen eine alkoholhaltige und eine nicht-alkoholische Flüssigkeit übereinander geschichtet (floated) werden. Zubereitet wird White Russian mit Wodka, Kaffeelikör (Kahlúa) und leicht angeschlagener Sahne. Der erste Schritt ist das Schlagen der Sahne. Das muss ganz vorsichtig geschehen. Dann kommen Wodka und Kahlúa in ein vorgekühltes Glas und werden durchmischt. Das Glas wird mit Eis aufgefüllt und alles wird solange gerührt, bis das Glas beschlägt und der Drink sehr kalt ist. Anschließend wird der Mix durch ein Barsieb in ein vorgekühltes Cocktailglas gegossen. Jetzt kommt der schwierigste Teil. Die leicht angeschlagene

Sahne lässt man vorsichtig an einem Löffel am Glasrand entlang ins Glas gleiten, so dass sie über dem dunklen Mix aus Wodka und Kalhùa schwebt, also eine Schichtung entsteht. Das Getränk wird dann ohne Trinkhalm serviert.

Brandy Alexander wurde angeblich 1922 anlässlich der Hochzeit von Prinzessin Mary in London erfunden. Das Besondere ist, dass der Cocktail mit Muskat bestreut wird. Zubereitet wird der Cocktail aus Brandy, Creme de Cacao und Sahne. Alle Zutaten werden zusammen mit Eis geschüttelt und danach über ein Sieb in eine Cocktailschale gegossen. Danach wird Muskat darüber gerieben.

„Das erste physikalische System, mit dem alles begann, war das Licht", sagte Siggi. Es ging damals um dieses Experiment mit der sogenannten Hohlraumstrahlung, einer elektromagnetischen Strahlung innerhalb eines abgeschlossenen Hohlraums, dessen Wände eine einheitliche Temperatur hatten. Ende des 19. Jahrhunderts war es nicht möglich, die Spektralverteilung dieser Strahlung zu bestimmen. Max Planck hatte dann 1900 vorgeschlagen, dass die Gesamtenergie aus gleichen, sehr kleinen Energieportionen zusammengesetzt sei, die er als Energieelemente oder später als Quanten bezeichnete. Es gibt also eine kleinste Energieportion, die nicht mehr geteilt werden kann. Das hat Einstein später so bezeichnet. In einem berühmten Experiment mit einer Fotozelle, die mit Licht beleuchtet wird, fließt ein Strom. Das besondere war, dass der Strom sofort mit dem Beleuchten floss und eine Mindestfrequenz erforderlich war. Es fand sich ein direkter Zusammenhang zwischen der Bewegungsenergie der Photonen und der benutzten Lichtfrequenz. Auch diese Beobachtung konnte die klassische Physik damals nicht erklären. Das Photon überträgt in einem Ruck seine Energie vollständig und ohne Verzögerung direkt an ein

Elektron. Interessant ist, dass sich Einstein mit Plancks Lichtquantenhypothese nie richtig anfreunden konnte."

„In der Schule haben wir gelernt, dass ein Photon ein Zwitter zwischen einem Teilchen und einer Welle ist", sagte ich.

Siggi streckte sich. „Das stimmt so nicht ganz. In der Quantentheorie ist ein Photon ein Teilchen. Es ist zählbar und unteilbar. Aber es ist kein klassisches Teilchen. Es besitzt ja nicht alle klassisch denkbaren Eigenschaften gleichzeitig. Ein ganz frühes Experiment war die verspiegelte Glasplatte, die nur 50% des Lichts durchließ. Die anderen 50% wurden in einem Winkel von 90° reflektiert. „Licht am Strahlteiler" hieß das Experiment. Das überraschende war, dass mit 50%er Wahrscheinlichkeit das Photon ungeteilt und völlig zufällig entweder geradeaus flog oder sich für die senkrechte Ablenkung entschieden hatte. Das heißt, die Photonen können sich am Strahlteiler nicht aufteilen. Sie treten als ganze Teilchen auf. Es ist aber nicht vorhersehbar, welchen Weg sie nehmen werden. Die Quantenphysiker sprechen vom objektiven Zufall. Es steckt keine Willkür, sondern ein Naturgesetz dahinter. Wenn Du erst den „Doppelspaltversuch" kennengelernt hast, wirst Du die Quantentheorie besser verstehen."

Wieder schwiegen wir eine Weile. Niemand saß draußen auf der Terrasse.

Plötzlich sah ich im hinteren Teil des Raumes Soraya. Ich winkte ihr zu. Wir kannten uns schon lange. Sie wohnte einst im Nachbarhaus. Jutta und ich hatten sie erst kürzlich im Ballett gesehen. In „I Fratelli - Die Brüder" hatte sie die Mutter Rosaria gespielt. Eine Geschichte der Migration. Die Suche nach einem besseren Leben. Es war unglaublich bewegend gewesen. In der Pause hatte ich mir von ihr ein Autogramm geben lassen. „Hallo", sagte sie und blickte auf Siggi. „Das ist Siggi, mein Freund – Soraya", stellte ich sie vor. Sie setzte sich zu uns. „Wie geht's Dir?", sagte sie zu mir gewandt. „Ist Jutta heute nicht da?" Ich erklärte es ihr kurz. „Wann ist Dein nächster Auftritt?" „Wir haben jetzt Spielpause, erst in zwei Monaten kommt I Fratelli wieder auf den Spielplan. Mitte nächsten Monat kommen wir mit einem neuen Stück, schon morgen ist wieder Training. Ihr kommt sicher wieder?" „Ja", sagte ich, weil Jutta immer genau Bescheid wusste und sicherlich schon Karten bestellt hatte. „Sei mir nicht böse, wenn ich schon wieder weiter gehe, aber ich wollte nur kurz mit Dino etwas besprechen." Ich schüttelte kurz den Kopf, erhob mich und küsste sie auf die linke Wange. Sie lächelte, gab Siggi die Hand und verschwand wieder. „Ich glaube, Du bist ein bisschen in sie verliebt", sagte Siggi. „Nein, wirklich nicht. Ich verehre sie, ich bewundere sie. Aber das ist alles."

Wir schwiegen. Ich blickte nach draußen. Es war dunkel. Quantentheorie? War das wirklich wichtig? Ja, der Kosmos weiß alles. Alles ist informiert. Heute? Schon immer! Du kannst alle Informationen abrufen, die du brauchst. Der Doppelspaltversuch?

„Wie war das mit dem Doppelspaltversuch?", fragte ich.

„2002 wurde dieser Versuch von der englischen physikalischen Gesellschaft zum schönsten physikalischen Experiment aller Zeiten gekürt", erklärte Siggi. „Es beschreibt ein Phänomen, das die klassische Physik nicht erklären kann. Es birgt in sich den Kern der Quantentheorie. Es zeigt, dass Quanten sowohl Wellen- als auch Teilcheneigenschaften haben. Die Welleneigenschaften widersprechen unserer Vorstellungskraft. Die meisten seltsamen Effekte der Quantentheorie sind Wellenphänomene. Viele Menschen lassen sich dadurch verwirren. Kennst Du die automatischen Abwurfsysteme beim Tennis. Nacheinander werden Bälle abgeschossen. So eine Einrichtung musst Du Dir vorstellen. Es werden allerdings in diesem Experiment keine Bälle, sondern Elektronen oder Photonen abgeschossen. Von links nach rechts. Sie schießen allerdings nicht exakt in dieselbe Richtung, es gibt eine gewisse Streuung. Auf der rechten Seite steht ein Detektor. Dieser misst, wo die Photonen auftreffen. Die Messung ergibt, dass die Photonen ziemlich gleichmäßig verteilt sind. Bis jetzt ist alles noch klassische Physik. Nun wird das Experiment erweitert. Zwischen der Photonenabschussanlage und dem Detektor wird ein Schirm gestellt. Dieser Schirm hat zwei Spalten, die wir abwechselnd verschließen. Was jeder erwartet, tritt ein. Nur die Detektoren hinter den Spalten messen noch Photonen. Die meisten Photonen werden von dem Schirm abgefangen. Doch jetzt wird es spannend. Was passiert, wenn beide Spalten offen stehen? Es passiert etwas völlig anderes als wir erwarten. Es ist nicht so, dass die meisten Photonen hinter den beiden Spalten von den Detektoren gemessen werden. Die meisten Photonen sammeln sich nicht mehr hinter den Spalten, sondern an Orten, an die praktisch nie ein Photon hingelangt, wenn nur ein Spalt, egal welcher, offen ist. Umgekehrt finden sich hinter den Spalten praktisch keine Photonen mehr. Die Detektoren in der Mitte, die vorher nur sehr selten von einem Photon getroffen wurden, messen jetzt plötzlich mit Abstand am meisten. Die Detektoren hinter den Spalten, die vorher von sehr vielen Photonen getroffen wurden, sind plötzlich fast leer. Wie konnte das geschehen? Wie kann man dies erklären?"

Eine Pause entstand. Ich hatte keine Erklärung. „Keine Ahnung", sagte ich.

„Wie bei Wasser- oder Schallwellen ist es zu einem Phänomen gekommen, das Interferenz genannt wird", erzählte Siggi weiter. „Wenn sich diese Wellen auf einen Spalt zubewegen, dann werden diese Wellen am Spalt gestreut oder gebogen. Es bilden sich hinter dem Spalt halbkreisförmige Wellen. Wenn zwei Spalten geöffnet sind, dann gibt es Stellen, wo die Wellenberge des einen Spaltes und die Wellentäler des anderen Spaltes sich gegenseitig auslöschen. An anderen Stellen verstärken sich die Wellenberge beider Spalten zu einem sehr hohen Berg oder die Wellentäler verstärken sich zu einem sehr tiefen Tal. Dieses Wechselspiel von Verstärken und Auslöschen ist typisch für alle Arten von Wellen."

„Sind Photonen also Wellen?", fragte ich.

„Photonen sind keine richtigen Wellen. Sie kommen immer portionsweise am Detektor an. Niemand hat je ein halbes Photon gesehen. Du schießt eines ab und am Detektor kommt immer eines an. Immer, wenn das Photon beobachtet wird, ist es vollständig an einer Stelle. Trotzdem merkt es irgendwie, dass beide Spalten offen sind. Bei Wasserwellen oder Schallwellen sind immer sehr viele Teilchen vorhanden, die gleichzeitig in gleicher oder in entgegengesetzter Richtung schwingen und so gegenseitig ihre Schwingungen verstärken oder auslöschen. Das Besondere ist, dass der Beobachter in das Experiment mit einbezogen werden muss, da er durch die Messung des genauen Wegs eines bestimmten Photons den Ausgang des Experiments entscheidend verändert. In der klassischen Physik beeinflusst eine Messung nie das Ergebnis eines Versuchs."

„Ja, aber ich versteh das ganze trotzdem nicht. Ich bin jetzt völlig verwirrt", sagte ich resignierend.

„Da bist Du nicht alleine, vielen geht es genauso. Deshalb gibt es auch so viele Deutungen dieses Phänomens."

„Aber, wie verhält sich die Natur denn wirklich?" fragte ich weiter.

„Die Natur reagiert auf diese Frage unterschiedlich. Wenn das Photon in einem Zustand ist, in dem es die Eigenschaft „ein bestimmter Ort" hat, dann gibt sie auch die richtige Antwort. Das Photon verhält sich dann wie ein Teilchen. Das können wir Menschen noch am besten nachvollziehen. Wenn aber von dem Photon der Impuls bestimmt wurde, ist der Ort unbestimmt. Wir haben es jetzt mit Wellen zu tun. Nicht alle klassisch denkbaren Eigenschaften sind bei Quantensystemen gleichzeitig erfüllt."

Ich blicke nach draußen und sah Soraya in der Dunkelheit davongehen. Ich sollte jetzt eigentlich auch nach Hause.

„Das Licht besteht aus Teilchen, die sich manchmal wie Wellen verhalten." Siggi hatte meine Verwirrung bemerkt und versuchte mir das Experiment besser zu erklären. „Oder aus Wellen, die sich gelegentlich wie Teilchen benehmen. Eigentlich ist dies in unserer Vorstellung nicht problematisch. Wir stellen uns eine Welle vor, die aus Einzelteilchen besteht. Eine Welle lässt sich aber nicht in ihre Einzelteile zerlegen und wieder zusammensetzen. Sie ist eine einheitliche Erscheinung. Wenn man sie teilt, wird sie zu einer anderen Welle, aber niemals zu einem Teilchen."

„Aber wie kann das Licht gleichzeitig aus Wellen und Teilchen bestehen?", fragte ich etwas ratlos.

„Diese Frage wird uns noch lange beschäftigen", antwortete Siggi. „Was Dir nicht klar ist, das ist die Tatsache, dass sich auch Materie, also der Stuhl oder der Tisch wie eine Welle verhält. Dieses Experiment enthält den Schlüssel zu einer anderen Welt. Es lohnt sich deshalb, dass Du versuchst, es wirklich zu verstehen. Wenn Du es begriffen hast, wird Deine Welt nie mehr so aussehen wie vorher." Siggi war jetzt ganz aufgeregt. Er setzte nun alles daran, mich für diese Phänomene zu begeistern.

„Man hat dieses Experiment immer wieder verändert, um den Sachverhalt besser zu verstehen. Es gelang später sogar anstatt einer größeren Menge von Lichtstrahlen nur einzelne Photonen durch den Doppelspalt zu schicken. Schließlich war nur noch ein Lichtpaket unterwegs. Erst wenn es angekommen war, wurde das nächste Lichtpaket losgeschickt. Nach unserer Denkweise, die wir alle so in der Schule gelernt haben, muss sich nun das Photon entscheiden, durch welchen der beiden Spalte es gehen will. Es kann nur einen Weg nehmen. Viele Male wurde dieses Experiment wiederholt. Man erwartete, dass sich auf der Fotoplatte hinter den beiden offenen Spalten helle Flecken bildeten, nämlich dort, wo die Photonen aufgetroffen waren. Am Anfang waren auch einzelne helle Punkte zu sehen. Nachdem aber viele Photonen losgeschickt worden waren, bildeten sich aber dieselben Muster aus hellen und dunklen Streifen wieder, die in früheren Experimenten entstanden waren."

„Man hatte das Licht als Teilchen abgeschickt, und es war als Welle angekommen", bemerkte ich.

„Genau", sagte Siggi, „jetzt hast Du es verstanden."

„Aber, wie ist das möglich?"

„Die hellen und dunklen Streifen sind ein Zeichen dafür, dass sich verschiedene Wellen gegenseitig beeinflusst haben. Das ist das Phänomen der Interferenz. Aber, man hat eindeutig einzelne Teilchen abgeschickt, die sich gegenseitig nicht begegnet sind. Wie soll ein einzelnes Teilchen gleichzeitig durch zwei verschiedene Spalten gekommen sein, um dann mit sich selbst zu interferieren? Also mussten weitere Untersuchungen durchgeführt werden. Deshalb brachte man an den Spalten Detektoren an. Man wollte herausfinden, durch welchen Spalt die Photonen gekommen waren. Jetzt ist das unvorstellbare passiert. Als man nämlich das Experiment mit eingeschalteten Detektoren wiederholt hat, sind die Interferenzstreifen verschwunden. Es gab nur noch zwei helle Flecke."

„Das war nun wirklich eine Sensation", bemerkte ich.

„Ja, Du hast Recht. Dieser Versuch beweist klar, dass sich Teilchen beim Durchgang durch den Spalt unter Beobachtung wie Teilchen verhalten. Werden sie nicht beobachtet, dann verhalten sie sich wie Wellen. Die Beobachtung beeinflusst das Licht. Die Photonen bemerken es, wenn sie beobachtet werden."

„Jetzt bin ich natürlich völlig verwirrt. Haben Teilchen denn selbst ein Bewusstsein? Oder reagieren sie vielleicht auch auf unser Bewusstsein?" fragte ich.

„Du wirst es nicht glauben, aber das Experiment geht auch mit anderen Teilchen. Mit Elektronen, Protonen oder mit ganzen Atomen. Materie verhält sich abwechselnd wie eine Welle oder wie ein Teilchen, je nachdem, ob es beobachtet wird oder nicht. Dass der Vorgang der Beobachtung ein Experiment beeinflusst, brachte die Grundfeste der Naturwissenschaft ins Wanken."

„Aber eine Welle ist nicht an einen Ort gebunden, sie breitet sich aus im Raum. Wenn sich die Welle wieder in ein Teilchen verwandelt, ist es dann immer noch das gleiche Teilchen?"

„Du hast Recht! Wenn wir Teilchen, aus denen die Welt besteht und auch wir selbst nicht mehr voneinander unterscheiden können, dann können wir die Vorstellung einer klar definierten Welt nicht mehr aufrechterhalten. Wir erahnen eine Zusammengehörigkeit des Einzelnen mit dem Ganzen."

Admetos stand in enger Verbindung zu Apollon. Sie waren gute Freunde. Als Apollon für neun Jahre aus dem Olymp verbannt worden war, wohnte er bei Admetos und hütete seine Kühe und Schafe. Er unterstützte ihn bei seiner Heirat mit Alkestis. Admetos vergaß aber, Artemis für das Zustandekommen der Hochzeit mit einem Opfer zu danken. Deshalb reagierte sie mit Zorn und verlangte schließlich seinen Tod. Das Netzwerk war eng geknüpft. Es war schon damals eine Welt der Beziehungen.

3. Szene

Quantenvakuum

Medusa

Marco trug die Vorspeise auf. Spargelspitzen in Gelee. Sie standen aufrecht im Kreis angeordnet auf dem Teller. „Habt ihr noch Brot? Selbst gebacken übrigens! Guten Appetit!" Wir griffen zur Gabel. Köstlich. „Ich war heute auf dem Wochenmarkt und habe nur Spargelspitzen gekauft. Schmeckt es Euch?" Ja, sehr gut, ertönte es von allen Seiten. Nora hatte noch ihren Aperitif vor sich. Eine leichte Variante der legendären Bloody Mary, von Jutta umbenannt in „Blushing Mary", weil sie das schöner fand. „Ich nehme einfach ein bisschen weniger Wodka", sagte Marco. „Normalerweise besteht Bloody Mary aus zwei Teilen Tomatensaft und einem Teil Wodka. Ich nehme nur noch ein Viertel Wodka. Dazu etwas Zitrone, Tabasco und Worcestersauce, Pfeffer und Salz." Ich erinnerte mich, dass ich einmal ein Stück Stangensellerie dazu bekommen hatte. Zum Knabbern und Umrühren. „Und wieder war Ernest Hemingway dabei, als ein neuer Cocktail erfunden wurde", meinte Marco. „In Paris in den zwanziger Jahren. Bei ihm war das Mischungsverhältnis noch 1:1. Eigentlich sollte der Drink zuerst Red Snapper heißen, aber so weit kam es dann doch nicht. Hemingway hatte diesen Drink seiner ersten Frau gewidmet, die Mary hieß."

Das Essen war köstlich. Marco verschwand wieder in der Küche, um den nächsten Gang vorzubereiten. „Wart ihr mal wieder im

Ballett?" fragte Nora. Jutta berichtete ausführlich über unseren letzten Ballettabend, wie ergreifend die Vorstellung gewesen war. Ich sagte nicht, dass ich Soraya im o.T. getroffen hatte. „Eigentlich sollten wir wieder einmal zusammen in eine Vorstellung gehen." Marco kam zurück mit Tellern. „Ich habe einen Grashecht vom Bodensee bekommen. Passt ein bisschen auf die Gräten auf. Kartoffeln gibt es noch reichlich." Wir ließen es uns schmecken. Nora lehnte sich genüsslich zurück. Jetzt sah ich ihr Amulett auf der Brust. „Ah, Du hast ein Medusenhaupt als Glücksbringer." „Ich habe es selbst gemacht. Es ist aus Emaille. Eine neue Serie. In einer kleinen Auflage wird sie in Geschenkeläden verkauft werden. Medusa hat mich immer schon fasziniert. Weißt Du, wer ihr den Kopf abgeschlagen hat?"

„Ich weiß es", sagte ich stolz, es war Perseus, aber ohne die Götter hätte er das nie geschafft. Aber ich weiß nicht mehr, warum er überhaupt den Kopf haben wollte, außerdem war es doch lebensgefährlich in ihre Nähe zu kommen?"

„Medusa war eine der drei Gorgonen, die jüngste und die einzige sterbliche." Nora hatte es jetzt ganz wichtig. „Alle drei müssen schrecklich ausgesehen haben. Medusa hatte Flügel, Schlangenhaare, einen Schuppenpanzer und glühende Augen. Ihr Anblick ließ jeden zu Stein erstarren. Das bot ihr Schutz gegen Feinde, die sie wegen ihrer Sterblichkeit hätten töten können."

„Aber ursprünglich war Medusa doch sehr schön gewesen", wandte ich ein.

„Ja, das stimmt. Aber sie hatte ein Verhältnis mit Poseidon. Und Athene hatte sie dafür bestraft, als sie die beiden in einem ihrer Tempel überraschte."

„Und warum wollte Perseus ihren Kopf?", wollte ich wissen.

„Das ist eine lange und komplizierte Geschichte. Wollt Ihr sie wirklich wissen?"

Sie schwieg einen kurzen Moment, dachte nach und begann, weiter zu sprechen.

„Perseus wollte den Kopf, um seine Mutter zu retten. Ganz am Anfang der Geschichte gab es nämlich eine Weissagung, dass der Großvater von Perseus durch seinen Enkel getötet werde. Deswegen sperrte er seine Tochter Danae ein und lies sie streng bewachen, um zu verhindern, dass sie schwanger würde. Kein geringerer als Zeus höchstpersönlich hat aber mit ihr Perseus gezeugt. Der alte Mann war nun ratlos, denn eigentlich liebte er ja seine Tochter. Er packte sie und ihr Baby aber doch in eine Kiste und setzte sie auf dem Meer aus. Wieder sind die Götter im Spiel, denn sie verhinderten, dass beide dort umgekommen sind. Sie wurden an einer Insel an Land gespült. Der Herrscher auf dieser Insel begann allerdings rasch, sich für Danae zu interessieren. Perseus versuchte nun, seine Mutter zu schützen, so dass der Herrscher ihn schließlich beseitigen wollte. Er verlangte von Perseus Geschenke. Erst ein Pferd und dann nach einem Wortwechsel schließlich den Kopf der Medusa. Mit dieser Forderung würde er endlich Perseus loshaben und der Weg zu Danae wäre dann frei. Jetzt brauchte Perseus aber wirklich die Götter. Und siehe da Athene erschien und übergab ihm einen glänzenden Schild, der in der Lage war, ein Spiegelbild zurückzuwerfen. Hermes schenkte ihm geflügelte Schuhe und eine Sichel als Waffe. Er bekam außerdem den Rat, zuerst zu den Graien zu gehen, und sich den Aufenthaltsort von Medusa dort sagen zu lassen. Die Graien sind Schwestern der Gorgonen. Sie sind seit ihrer Geburt Greise und grauhaarig.

Alle drei verfügen nur über einen Zahn und ein Auge, die sie gegenseitig bei Bedarf austauschen. Perseus fragte dort nach den Gorgonen, aber die Graien gaben keine Auskunft. Er setzte sich dann etwas erschöpft auf einen Felsen und begann sein Vesper zu essen. Die Graien hatten auch Hunger und Perseus bot ihnen ein Stück Brot an. Er selbst könnte ja inzwischen das Auge halten, während sie den Rest seiner Wegzehrung aufaßen. Bereitwillig gaben sie ihm das Auge. Jetzt hatte er sie allerdings in seiner Hand. Entweder sie sagten ihm, wo Medusa war, oder alle drei blieben blind. Sie nannten ihm notgedrungen den Weg. Perseus warf aber das Auge trotzdem in den naheliegenden See, so dass die Graien in den See tauchen mussten, um es wieder herauszuholen. Die dort wohnenden Nymphen waren so erfreut, dass die übel riechenden Graien endlich ein Bad nahmen. Als Dank schenkten sie Perseus eine Tarnkappe. Perseus fand schließlich die Gorgonen. Sie schliefen. Sie konnten ihn nicht sehen, weil er die Tarnkappe aufhatte. Er schaute Medusa nicht direkt an, sondern blickte auf den Schild und sah ihr Spiegelbild. Athene führte seine Hand als er blitzschnell Medusa den Kopf abschnitt. Athene verlangte den Kopf und Perseus wollte ihn ihr so schnell wie möglich bringen.

Wollt Ihr wissen, wie die Geschichte endet?"

Wir nickten

„Auf dem Rückweg kam er an einem Felsen im Meer vorbei an dem eine Frau angekettet war. Zuerst dachte er, sie sei aus Stein, aber dann bewegten sich doch ihre Haare im Wind. Es war Andromeda. Sie sollte einem Meerungeheuer geopfert werden. Nur so konnte Schaden für das Land abgewendet werden. Ihre Mutter hatte nämlich geprahlt, schöner zu sein als alle Meernymphen. Es war höchste Zeit, denn das schreckliche

Ungeheuer bewegte sich bereits auf Andromeda zu, um sie zu verschlingen. Ihre Eltern waren in großer Sorge. Perseus reagierte blitzschnell. Die Eltern waren bereit, ihm nach der Rettung von Andromeda auch noch das umliegende Land zu schenken. Nach einem erbitterten Kampf tötete er das Ungeheuer und Andromeda war frei. Andromeda ging mit Perseus. Schließlich kamen beide in seiner Heimat an. Er nahm dort an den olympischen Spielen teil und warf aber den Diskus so unglücklich, dass er seinen Großvater traf, der daraufhin starb. Damit hatte sich die Weissagung erfüllt."

„Hier ist der Nachtisch! Crème Brûlée." „Andreas hat seinen alten Freund Siggi wieder getroffen, den Quantenphysiker", sagte Jutta. „Kennt ihr euch denn damit aus?" Marco blickte von seinem Nachtisch auf. „Ja, vor ein paar Jahren habe ich mich sehr mit diesem Thema befasst. Die Dinge sind nicht so leicht zu verstehen. Welle oder Teilchen? Es hat lange gedauert, bis erkannt wurde, dass Wellen in der Quantenphysik keine realistischen Wellen sind, weil sie nicht direkt messbar sind. Sie sind lediglich mathematische Hilfsmittel zur Berechnung von Wahrscheinlichkeiten, dass ein Messwert eintritt. Später wurde der Begriff Wellenpaket eingeführt. Wellenpakete entstehen durch Überlagerung von Wellen ähnlicher Wellenlängen. In der Akustik stellt ein Knall ein Wellenpaket dar. In den 20er Jahren des letzten Jahrhunderts wurde gemutmaßt, dass Teilchen Wellenpakete seien, später aber wurde dieser Gedanke wieder verworfen. Ich denke aber, besser ist die Bezeichnung „Quantenobjekte" dafür."

„Siggi sagte", fügte ich an, „dass in der klassischen Physik ein Teilchen ein kleiner, häufig als punktförmiger idealisierter Körper ist, der sich wie ein großer Körper verhält. Er hat immer die gleichen Eigenschaften. Es können immer sowohl der

Ort, seine Geschwindigkeit, seine Energie oder seine Ladung angegeben werden. In der Quantenphysik gibt es keine Objekte, die alle klassisch denkbaren Eigenschaften gleichzeitig besitzen. Wellenpakete sind einigermaßen lokalisierbar, meist aber fließen sie auseinander. Später hat die Quantenphysik ein Teilchen definiert als etwas, das abgezählt werden kann. Jetzt ist es im Prinzip gleichgültig, ob etwas einen bestimmten Ort oder eine bestimmte Geschwindigkeit hat. Wellen sind nicht abzählbar. Wellenpakete auch nicht, obwohl in manchen Fällen das Verhalten eines Teilchens durch ein Wellenpaket beschrieben werden kann."

„Habt Ihr noch Lust auf einen Espresso?" Alle wollten Espresso. Wir gingen auf den Balkon und blickten über die Stadt. Töpfe mit Rosen standen am Geländer. Am Boden blühte roter Salbei. Plötzlich musste ich an die Geschichte mit Schrödingers Katze denken. Irgendwie hatte ich das Experiment nie richtig verstanden. Das lag aber wahrscheinlich daran, dass ich das Ganze für Tierquälerei hielt.

Wieder in der Wohnung zurück wurde über dies und das gesprochen. Die Artothek. Oder das Kunstmuseum. Den Kunstbezirk. Marco nahm mich zur Seite. „Sollen wir den Banyuls aufmachen, den tollen Süßwein?" „Gerne", sagte ich. Ich hatte einmal diesen köstlichen Wein getrunken. Banyuls ist ein Süßwein aus Frankreich, der an den steilen Hängen um die kleine Stadt Banyuls-sur-Mer hergestellt wird, dort, wo sich die Pyrenäen und das Mittelmeer treffen.

„Mit Siggi habe ich über das Doppelspaltexperiment gesprochen. Man hatte das Licht als Teilchen abgeschickt, und es war als Welle angekommen. Das ist schwer zu verstehen. Auch die Sache mit der Schrödinger-Gleichung ist nicht so einfach. Die

Wellenfunktion bricht zusammen, wenn das Teilchen entsteht. Das Verhalten des Teilchens am Doppelspalt hängt also davon ab, ob wir es beobachten oder nicht. Es scheint nicht so zu sein, dass wir die Vergangenheit verändern könnten. Vielmehr ist es so, dass für die Quantenwelt die Vergangenheit bis zum Augenblick unsrer Messung noch gar nicht als definiertes Ereignis stattgefunden hat. Bis dahin überlagern sich alle möglichen Wege, die das Teilchen genommen haben könnte. Alle diese Wege sind möglich."

„Du hast Recht. Diese Vorstellungen verändern unser Weltbild. Es fehlt uns eigentlich die Sprache, um diese Phänomene richtig zu beschreiben. Werner Heisenberg hat dies immer wieder hervorgehoben. Er sagte einmal: „Die Quantentheorie ist ein wunderbares Beispiel dafür, dass man einen Sachverhalt in völliger Klarheit verstanden haben kann und gleichzeitig weiß, dass man nur in Bildern und Gleichnissen von ihm reden kann."

„Immer habe ich mich gefragt, ob die Alten das alles wirklich geglaubt haben", sagte ich. „Es stellt doch die klassische Physik und unser Alltagsverständnis total in Frage."

„Man stellt sich die Frage, was ist das für eine Welt? Es ist eine Welt, in der alles mit allem in Verbindung steht. Es ist auch eine Welt, in der die Realität aus sichtbaren und unsichtbaren Bereichen zusammengesetzt ist. Es ist eine Welt, in der Geist und Materie ein Ganzes bilden. In dieser Welt ist nicht nur wichtig, was wir tun, sondern auch was wir beobachten oder was wir denken. Unser Bewusstsein ist ein Teil der Materie."

„Schon immer habe ich mich gefragt, was wäre, wenn wir nicht leben würden. Wenn es gar keine Erde gäbe, alles leer wäre", sagte Marco plötzlich.

„Das haben sich auch schon die alten Griechen gefragt", erwiderte ich trocken. „Aristoteles hat dann schließlich behauptet, einen leeren Raum könne es nicht geben. Die Natur verabscheue die Leere, sagte er. Erst viel später ist es mit technischen Mitteln gelungen, die Luft aus den Hohlräumen abzusaugen und ein Vakuum zu erzeugen". „Otto von Guericke hatte das Experiment mit den Magdeburger Halbkugeln vorgeführt. 16 Pferde, auf jeder Seite 8 waren nicht in der Lage, die beiden Halbkugeln zu trennen, nachdem ein Vakuum in dieser Kugel erzeugt worden war."

„Die heutigen Modelle der Physik legen nahe, dass das Universum aus dem Vakuum entstanden ist und es gibt Bereiche im kosmischen Raum, die frei von Materie sind. Aber gleichzeitig ist dieser Raum mit Energie gefüllt", sagte Marco. „Diese Energie breitet sich über Felder aus. Es wird als Quantenvakuum bezeichnet. Die Energie dieses Quantenvakuums können wir nicht wahrnehmen, aber die Auswirkungen schon, deshalb bezeichnet die Wissenschaft sie als virtuell. Diese virtuellen Vakuumenergien schwanken um ihren Nullpunktbasiswert herum. Selbst am absoluten Nullpunkt der Temperatur sind sie vorhanden. Deshalb wird diese Vakuumenergie auch Nullpunktenergie genannt. Die Wissenschaft nennt die Nullpunktenergie Zero-Point-Energy, abgekürzt ZPE. Das Feld, wo die Nullpunktenergie wirkt, heißt Nullpunktfeld. Der absolute Nullpunkt, das sind null Grad Kelvin, entspricht einer Temperatur von minus 273,15 Grad Celsius. Bei dieser Temperatur stehen alle Atome still. Andererseits ist es ausgeschlossen, dass jemals diese Temperatur erreicht werden kann."

Marco trank noch einen Schluck vom Süßwein.

„Um den Atomkern kreisen ja die Elektronen. Und dabei geben sie ständig Energie ab. Dadurch würde sich ihre Energie immer mehr vermindern, während die Energie des Kerns gleich bliebe. Der Kern zieht dann die Elektronen immer mehr an und das Elektron würde schließlich in einer spiraligen Bewegung in den Atomkern stürzen. Das Elektron bleibt aber auf seiner Bahn, weil es wieder Energie bekommt. Sie stammt aus dem Nullpunktfeld. Damit stabilisiert das Nullpunktfeld die gesamte Materie im Kosmos."

„Siggi hatte mir gesagt, dass das Universum durch das Nullpunktfeld besteht. Ohne Materie ist das Nullpunktfeld im Ruhezustand. Durch Materie beginnt das Nullpunktfeld Wellen zu erzeugen. Dabei entstehen Wechselbeziehungen. Sie überlagern sich. Diese Wellen enthalten Informationen. Sie pflanzen sich fort."

„Und was bedeutet das?" fragte Jutta schließlich.

„Jedes Teilchen ist mit allen anderen Teilchen in Verbindung", begann Marco. „Es findet dadurch ein Informationsaustausch statt. Alle Dinge werden durch die Dinge informiert, die ihnen am ähnlichsten sind. Unterschiedliche Dinge werden abgeschwächt und deshalb offensichtlich geringer informiert. Weil alle Dinge wechselseitig durch andere Dinge informiert werden, wirken sie sich auch auf uns aus."

Marco schenkte uns nochmals vom Banyuls ein. Es war ein schöner Abend gewesen. Jutta und ich dachten langsam ans heimgehen. Marco bestellte ein Taxi, das uns nach Hause brachte.

Auf der Fahrt dachte ich darüber nach, dass sich ein Mensch Informationen aus dem Nullpunktfeld holt, indem er seine Gedanken einheitlich ausrichtet und damit eine gerichtete

Aufmerksamkeit erzeugt, die eine bestimmte Information enthält. Eine positive Stimmung verbessert diese Verbindung. Eine Information unterdrücke ich dann, indem ich ein gerichtetes Denken vermeide. Ich benutze dann vage Bezeichnungen oder erzeuge Widersprüche. Für diesen Vorgang sind also Sprache oder Denken wichtig, um eine Verbindung zum Nullpunktfeld herzustellen. Meine Gedanken beeinflussen tatsächlich mein Leben. Wir haben es eigentlich immer schon gewusst.

Der Anblick Medusas ließ jeden zu Stein erstarren. Perseus benutzte einen spiegelnden Schild, um sie nicht ansehen zu müssen, bevor er sie enthauptete. In der Quantenphysik gibt es das Phänomen der wechselwirkungsfreien Quantenmessung. Während noch Dennis Gabor, der Erfinder der Holografie behauptete, dass sich ein Gegenstand nur dann beobachten lässt, wenn dieser Gegenstand von wenigstens einem Photon getroffen worden ist, zeigte die Quantenphysik später, dass Objekte auch zu erkennen sind, ohne dass sie einem Photon ausgesetzt waren. Ein Austausch von Energie findet nicht statt. Medusa hatte keine Chance gegen Perseus.

4. Szene

Schrödingers Katze

Trio (Einstein, Pauli, Schrödinger)

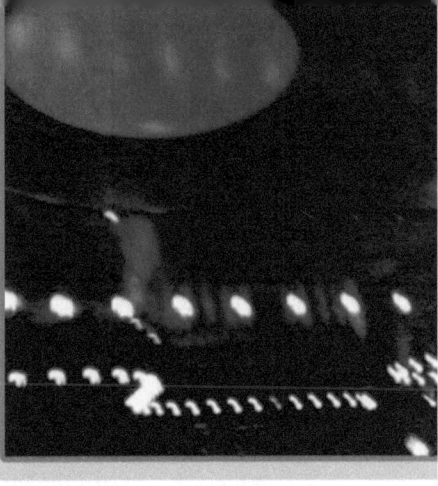

Langsam fuhr ich den Fisker rückwärts aus der Garage. Es war ein Karma in weißer Farbe. Ich zog die Handbremse an und stieg aus, um das Garagentor zu schließen. Dann kehrte ich zum Wagen zurück, öffnete die Fahrertür und wollte eben wieder einsteigen, als ich bemerkte, dass bereits Leute im Auto saßen. Ich blickte in den Wagen und sah zuerst auf dem Beifahrersitz einen schon etwas älteren Mann mit Schnauzbart, den ich schon einmal irgendwo gesehen hatte. Das Haar war wild angeordnet und die Augen waren etwas glasig. Eigentlich sieht der aus wie Albert Einstein, dachte ich. Ich schaute auf die Rückbank und blickte in ein grinsendes Gesicht. Auf der Nase hatte er eine schmale Brille. „Schrödinger, Erwin Schrödinger". „Was, Sie hier?", entfuhr es mir. „Ich bin Pauli, Wolfgang Pauli", tönte es daneben aus dem Mund eines Herrn mit Kulleraugen. Ich war verwirrt. Mechanisch stieg ich ins Auto und fuhr auf die Straße. Der Wagen fuhr elektrisch, lautlos erreichten wir die Straße. „Und wohin fahren wir jetzt?" fragte ich. „Herr Doktor Steinfeld, ich würde gerne ein bisschen am Bärenschlößle spazieren gehen und vielleicht könnten wir dort einkehren und etwas essen", sagte Albert Einstein und lächelte. Wir fuhren flott am Westbahnhof vorbei Richtung Schloss Solitude. „Schon ein bisschen seltsam, wieder in der Nähe meiner Geburtsstadt zu sein, aber die Herren haben mich überredet."

Er hob den Arm und zeigte auf die Rückbank. „Ich bin froh, dass ich heute nicht fahren muss", meldete sich Pauli. „Diese vielen Kurven und dann auch noch ein Elektroauto. Ich will ja meinen mühsam erworbenen Führerschein nicht verlieren." „Hundert Fahrstunden hast Du ja gebraucht! Als ich 1920 das letzte Mal hier war, gab es noch mehr Kurven und es war ziemlich kalt", rief Schrödinger. Wir erreichten den Parkplatz am Forsthaus, ich stellte den Wagen ab und alle stiegen aus. Einstein hatte dunkelbraune Filzpantoffel an, die beiden Österreicher Bergschuhe und Kniebundhosen. Ich verschloss den Wagen und wir gingen auf dem geteerten Weg in Richtung Bärenschlößle. „Wir sind ja noch im Jahr meiner Geburt von Ulm nach München gezogen", erzählte Einstein. „und als ich 15 Jahre alt war, ging's weiter nach Mailand. Ich durfte aber in der Schweiz zur Schule." Langsam gingen wir vorwärts. Plötzlich kam mir der Einfall, mit Schrödinger über die Katze zu sprechen. Dieses seltsame Gedankenexperiment.

„Herr Professor Schrödinger, was wollten Sie eigentlich mit diesem Experiment beweisen? Die Schwächen dieser neuen Physik?"

„Der Kollege Einstein hat ja damals, ich glaube es war 1935, die Grundlagen der Quantenphysik dargestellt. Ich wollte zeigen, wie dieses mikroskopische System auf ein makroskopisches Objekt übertragen werden kann. Dabei ist mir die Katze eingefallen. Ich war ja damals in Cambridge und dort gab's halt viele Katzen. Eine wahre Katzenplage."

„Die Quantenmechanik beschreibt ein physikalisches System mittels der Wellenfunktion. Bei einer quantenphysikalischen Messung nimmt das System einen der möglichen Zustände an. Bei der Messung ist also eine Änderung des Zustandes möglich. Erst im Augenblick der Messung entscheidet sich, welchen Zustand das System dann schließlich annimmt. Die Wellenfunktion kollabiert."

Radfahrer kamen daher gebraust, wir mussten etwas auf die Seite treten. Einstein stand mit seinen Filzpantoffeln plötzlich im Gras. Er schaute etwas verblüfft und lächelte. Die Radfahrer waren vorbei und wir gingen weiter.

„Ich hatte ja einmal Ärger bekommen, als ich sagte, dass Gott nicht würfeln würde. Bohr hat mir damals geantwortet, ich solle Gott nicht vorschreiben, was er zu tun hat. Ja, das waren unruhige Zeiten." „Pauli, Du hattest damals auch deine Sturm- und-Drang-Zeit. Und auf mich eingedroschen hast Du damals auch, " sagte Einstein.

„Das war schon abenteuerlich, Einstein, denn Du hattest jedes Jahr Dank deiner nie versagenden Erfindungsgabe eine neue Theorie über die Quantenphysik von Dir gegeben. Gewöhnlich wurde sie dann eine Zeitlang als „definitive Lösung" bezeichnet."

„Du bist halt ein Perfektionist, Pauli", meinte Schrödinger trocken. «Jetzt vertragt Euch wieder, ich will dem jungen Doktor doch noch schnell das Experiment mit der Katze erklären."

„Also, die Katze kommt zusammen mit einem radioaktiven Präparat in einen undurchsichtigen Kasten. Das radioaktive Präparat zerfällt mit der Wahrscheinlichkeit 1/2, und der Zerfall wird von einem Zählwerk gemessen. Gleichzeitig ist eine kleine Flasche mit Giftgas vorhanden, die durch den radioaktiven Zerfall zerstört werden kann, wodurch die Katze dann getötet wird. Nach einer Stunde schaue ich in den Kasten. Mit der Wahrscheinlichkeit 1/2 ist die Katze tot. Mit der Wahrscheinlichkeit 1/2 lebt sie noch. Der Zerfall des Präparats ist ein Quantenereignis. Es muss quantentheoretisch beschrieben werden. Wird ein einfallendes Photon am Strahlenteiler reflektiert, passiert nichts. Wird es aber durchgelassen, dann wird es am Zählwerk registriert. Dieser löst dann den Mechanismus aus, der die Katze umbringt. Wenn man ein Photon in den Kasten geschickt hat, ohne ihn zu öffnen, weiß man nicht, ob die Katze tot oder lebendig ist. Ich habe das damals so formuliert, dass sich die Katze in einem Überlagerungszustand von tot und lebendig befinde." „Das ist für eine Katze sicherlich eine ungewohnte Situation", bemerkte Einstein ironisch. „Wir haben das damals als unbestimmt bezeichnet, ob die Katze tot oder lebendig ist. Allerdings erwartet jeder einen eindeutigen Zustand, in der sich die Katze befindet. Etwas anderes können wir uns nicht vorstellen."

„Ich fand es überhaupt nicht ungewöhnlich", rief Pauli, denn die Unbestimmtheit dauert ja nur solange an, bis der Tötungsmechanismus in Gang kommt. Von da ab ist das Schicksal der Katze nicht mehr unbestimmt, sondern ungewiss, bis der Kasten geöffnet wird."

Inzwischen hatten wir das Bärenschlößle erreicht. Draußen standen Tische und es war angenehm mild, so dass wir uns entschlossen hatten, außen Platz zu nehmen. Die Herren setzten sich und ich schlug vor, eine kleine Mahlzeit einzunehmen. „Gibt's hier vielleicht Maultaschen, gerne hätte ich so etwas mal wieder gegessen", sagte Einstein. „Ich schau drinnen nach", sagte ich. Nach ein paar Minuten kehrte ich mit der Serviererin zurück. Sie trug mehrere Teller mit Maultaschen in der Brühe auf einem Tablett vor sich her. Nachdem die Teller verteilt waren, begannen wir zu essen. „Köstlich", sagt Einstein.

„Lange habe ich diese schwäbischen Maultaschen nicht mehr gegessen. Durst habe ich auch, was trinken wir?" „Vielleicht ein Radler?" fragte ich. Niemand hatte etwas dagegen und so waren wir bald auch damit versorgt.

Nach dem Essen blickten wir auf den See. Einst schaukelten dort, angeregt durch eine Reise nach Venedig, die vier Boote der herzoglichen Lustflotte. Der Kammerdiener und Gondoliere Gerolamo Fosetta steuerte selbst die rot lackierte und mit vergoldeten Schnitzereien versehene Lustbarke des Herzogs. Die Boote der Kavaliere und der Musiker folgten in einigem Abstand nach. Die Musik breitete sich angenehm im Tal aus. Die wilden Tiere wurden besänftigt. Der Herzog ging schließlich mit seinem Hofstaat an Land. Dort war an den Terrassen alles vorbereitet. Ein köstliches Mal wurde nun serviert. Die Kapelle aus dem Boot hatte ebenfalls das Ufer erreicht und spielte weiter. Eine Fröhlichkeit lag über dem Tal.

„Schrödinger, Du hattest ja schon vor dem Katzenexperiment mit der Differentialgleichung die Wellenfunktion beschrieben", begann Einstein.

„Ja, ich wollte die Wahrscheinlichkeit von Messergebnissen voraussagen. Schallwellen oder klassische elektromagnetische Wellen schwingen im dreidimensionalen Raum. An jedem Ort kannst Du die Eigenschaften der Welle messen. Bei meiner in der Gleichung beschriebenen Welle, ich nenne sie besser Wellenfunktion, war dies nicht möglich. Es ist ja auch keine realistische Welle. Sie ist lediglich ein mathematisches Hilfsmittel zur Berechnung von Wahrscheinlichkeiten für das Eintreten von Messwerten. Das hat ja leider auch zu Missverständnissen im Zusammenhang mit dem sogenannten Kollaps der Wellenfunktion geführt. Mit dem Kollaps der Wellenfunktion habe

ich folgendes gemeint: Vor einer Messung ist der Ort eines Teilchens völlig unbestimmt. Findet man bei einer Messung das Teilchen in der Nähe eines bestimmten Ortes, dann muss die Wahrscheinlichkeit es sonst irgendwo zu finden, null werden. Das bedeutet, dass sich die Wellenfunktion im gesamten Raum verändert hat. Die Information muss sich in die entfernteste Galaxien verbreitet haben. Eine plötzliche Veränderung der Wellenfunktion im ganzen Raum wurde als Kollaps der Wellenfunktion bezeichnet. Es ist der Sprung von der Welle zum Teilchen. Ich gestehe, es ist bei vielen immer noch umstritten."
„Aber in der Kopenhagener Deutung der Quantentheorie wurden diese Zusammenhänge ja ausführlich dargestellt."

„Ich habe damals den Kollaps als spukhafte Fernwirkung betitelt", sagte Einstein und lachte. Das war natürlich ziemlich verwegen. Ich hoffe, Du verzeihst mir das heute."

„Die Kopenhagener Deutung gab keine klare Definition, ab wann ein Prozess als Messung zählt, wodurch dann der Kollaps herbeigeführt wird und das Quantenobjekt zum Teilchen wird und ob mit der Schrödinger-Gleichung gerechnet werden darf. Später wurde vorgeschlagen, dass während der Messung ein unveränderbares Ereignis stattgefunden haben muss, das als Beweis des Geschehenen angesehen werden kann."

„Hugh Everett, sagte Pauli, „hat mit seiner Viele-Welten-Interpretation eine alternative Darstellung der Quantenphysik entwickelt. Die Kopenhagener Deutung kennt ja eine fortschreitende zeitliche Entwicklung eines quantenphysikalischen Systems entsprechend der Schrödinger Gleichung. Findet ein Messprozess statt, ändert sich das Wissen über den Zustand des Systems zum Messzeitpunkt. Sobald Du ein quantenphysikalisches System einer Messung unterziehst, kollabiert der überlagerte Zustand ohne Zeitverzögerung. Der Kollaps entspricht dem Übergang auf die nach der Messung genauer mögliche Beschreibungsstufe. Everett argumentierte, dass alle möglichen Messergebnisse im quantenphysikalischen System sich gleichzeitig in verschiedenen Universen einstellen, während jeder zugehörige Beobachter nur ein bestimmtes Messergebnis wahrnimmt. Somit ist die Viele-Welten-Interpretation eine reale Deutung der Quantenphysik."

„Ich kannte Everett gut", berichtete Einstein. „Er hat mir schon als 13-jähriger einen Brief geschrieben und wollte mich wohl ein bisschen herausfordern. Ich glaube seine ehrgeizige Mutter stand dahinter. Ich habe ihm auch geantwortet und geschrieben, er sei wohl sehr hartnäckig dabei, sich erfolgreich einen Weg durch seltsame Schwierigkeiten zu bahnen, die er sich für diesen Zweck selbst geschaffen habe. Die Viele-Welten-Theorie war seine Doktorarbeit in Princeton. Er hat sie allerdings mehrfach umgearbeitet und sie dann erst 1957 abgegeben."

„Er hat den Kollaps der Wellenfunktion abgelehnt", sprach Schrödinger etwas gedankenversunken. „Es gab ja letztendlich keine mathematische Methode, die diesen Kollaps beschreiben konnte. Er hat also behauptet, dass es den Kollaps überhaupt nicht gebe. Er vertrat die Meinung, dass sich die Wellenfunktion immer und überall gemäß der Schrödingergleichung entwickle, wir Menschen aber nur einen kleinen Teil der umfassenden Wellenfunktion des Universums bemerken. Es gibt keinen Kollaps und die Wellenfunktion beginnt mit einem Überlagerungszustand. Bei ihm ist es auch eine Wahrscheinlichkeitswelle, aber er geht nicht davon aus, dass sich das Quantensystem im Augenblick der Messung für eine der vielen Möglichkeiten entscheidet. Nach seiner Auffassung teilt sich das Universum in diesem Augenblick in so viele Kopien seiner selbst, so dass jede Möglichkeit in einem eigenen Universum verwirklicht werden kann."

„Wir existieren demnach in unendlich vielen Universen", erklärte Einstein. „In jedem dieser Universen gehen wir jedoch davon aus, einzigartig zu sein. Die verschiedenen Welten sind ausschließlich auf der Quantenebene miteinander verbunden. In dieser Welt ist jedoch eine Kommunikation unmöglich."

„Everetts Theorie scheint auf den ersten Blick keine Verbesserung zu sein", bemerkte Pauli trocken. Er hat zwar den mythischen Kollaps der Wellenfunktion beseitigt, aber die Wellenfunktion selbst wird umfangreicher. Wir sehen ja auch niemals ein System in mehr als einem Zustand."

„In anderen Zweigen existieren andere Versionen von uns selbst. Die verschiedenen anderen Zweige haben keinerlei Einfluss auf die Ereignisse in unserem Zweig und unser Zweig hat keinen Einfluss auf die Ereignisse in anderen Zweigen", ergänzte Einstein. „Diese anderen Zweige sind abgeschlossene Parallelwelten ohne jeden Zugang zu unserer sichtbaren Welt."

„Und es geht ja noch weiter", meldete sich Schrödinger zu Wort. „Der Begriff Parallelwelt kam ein paar Jahre später auf und auch der Begriff des Multiuniversums. David Deutsch hat aus dem Doppelspaltexperiment den Schluss gezogen, dass parallele Universen unser Universum beeinflussen. Beim Doppelspaltexperiment ist es ja so, dass die Verteilung der Photonen ohne sichtbaren Wechselwirkungspartner erfolgt. Er postulierte, dass die unsichtbaren Partner Teilchen anderer Universen seien, auch wenn diese Paralleluniversen nur schwer zugänglich sind."

Das war jetzt doch ziemlich verwirrend für mich. Die Herren waren erstaunlich gut vertraut mit Vorstellungen aus der Neuzeit. Irgendwie waren sie immer noch voll in ihrem Element.

Langsam setzten wir uns wieder in Bewegung. Alle lächelten entspannt und wir gingen wieder zurück zum Parkplatz am Forsthaus beim Schloss Solitude.

Plötzlich stellte sich ein lautes Geräusch ein, das an Intensität zunahm. Was war das? Es war mein Wecker, der mich zum Aufwachen zwang. Ich streckte den Arm aus, um ihn abzuschalten.

5. Szene

Holografie

Leto

Apollon, Gott des Lichts und der Künste, war Sohn des Zeus und der Titanin Leto. Hera, Zeus' eifersüchtige Ehefrau tat alles, um Letos Niederkunft zu verhindern. Sie sollte Zwillinge, nämlich Artemis und Apollon gebären. Hera entsandte den Drachen Python, der Leto verschlingen sollte. Zeus konnte dies verhindern. Hera befahl weiter, dass die Erde der Leto keinen Ort zum Gebären überlassen dürfe, welche von der Sonne beschienen werde. Aber alle anderen Götter wollten Leto helfen, und so hatte Poseidon die Insel Delos geschaffen und Hermes hatte Leto dorthin gebracht. Hera gab nicht nach. Sie befahl ihrer Tochter Eileithyia, der Göttin der Geburt, Leto bei der Geburt nicht beizustehen. Leto war inzwischen sehr erschöpft. Wie sollte es weitergehen? Nun kam der Vorschlag von den Göttern, Eileithyia zu bestechen. Die Götter kauften dem Himmel den Mond ab und übergaben ihn Hephaistos. Er sollte daraus ein Halsband für Eileithyia machen. Sie willigte ein, lies sich bestechen und nahm das Halsband. Die Zwillinge kamen unter Palmen zur Welt, zuerst Artemis, dann Apollon. Soldaten lärmten mit ihren Waffen, damit Hera Letos Schreie nicht mitbekam. Hera entdeckte sie aber trotzdem. Sie entschlossen sich zur Flucht von Delos. Das Wasser ging aus, Bauern verweigerten ihnen im benachbarten See zu trinken, zur Strafe wurden sie deshalb von Zeus in Frösche verwandelt. Der Drache Python lebte noch. Apollon, jetzt vier Tage alt, schoss mit Pfeilen nach ihm und verwundete ihn. Daraufhin suchte der Drache Schutz in Delphi. Apollon verfolgte ihn und tötete ihn dort. Apollon selbst übernahm nun das Orakel. Er erhielt dort die Gabe der Weissagung von der Priesterin.

Nach einem Besuch im Kino trafen Jutta und ich Eva und Rainer Kindler, beide sind Fotografen und Filmemacher, und wir beschlossen, noch zusammen in die Bar o.T. zugehen. Eva war sehr gut gelaunt, und redete in einem Fluss, Rainer war ruhig wie immer. Wir winkten Dino und setzten uns in eine ruhige Ecke am Fenster. Wir bestellten Cosmopolitan und Ernest Hemingway Daiquiri.

Im Originalrezept des Cosmopolitan von 1934 waren die Bestandteile noch Gin, Cointreau, Zitronensaft und Himbeere, heute wird der Cosmopolitan aus aromatisiertem Wodka, Cointreau, Limettensaft und Cranberrysaft hergestellt. Der Cosmopolitan wird mit Eis geschüttelt, dann aber ohne Eis in einem vorgekühlten Kelch mit einer Limettenscheibe serviert. Der Geschmack ist herb-süß.

„Habt Ihr schon unseren neuen Film gesehen?" fragte Eva. „Wir haben besondere Lichteffekte erzeugt, die Holografie genannt werden. Es wird ein Werbefilm, später soll noch ein Kalender mit den besten Bildern folgen."

Rainer zog aus der Jackentasche ein leicht zerknittertes Bild heraus und reichte es über den Tisch. „Bei einer Fotografie werden die Lichtwellen des Objekts auf einer fotografischen Platte aufgefangen. Es entsteht dadurch ein Bild. Die Holografie geht noch einen Schritt weiter. Die herkömmliche Fotografie kann die aufgenommenen Bilder nicht räumlich, also dreidimensional wiedergeben. Der normale Film speichert lediglich die Intensität und bei Farbfilmen zusätzlich die Wellenlänge ab. Bei der Holografie wird außerdem die Phasenverschiebung, also die Schwingung des Lichts der einzelnen Lichtwellen festgehalten. Dennis Gabor hat 1947 die Holografie entdeckt.

Dafür ist eine Lichtquelle nötig, deren Licht mit Hilfe eines halbdurchlässigen Spiegels in zwei Strahlen geteilt wird. Der eine Strahl wird über das aufzunehmende Objekt auf einen Film reflektiert, während der andere Strahl direkt darauf gelenkt wird. Wir haben somit die Objektwelle und die Referenzwelle. Auf dem Film führt die Interferenz beider Wellen zu einer Belichtung. Das einfachste Objekt wäre ein Punkt. Auf dem Film bekommen wir damit ein Beugungsgitter, bei nahen Objekten auch konzentrische Kreise, die nach außen hin immer enger werden.

Du kannst auch komplexe Objekte darstellen. Es entsteht dabei eine Vielzahl von Punktquellen. Du bekommst dann ein virtuelles, also scheinbares Bild hinter dem Hologramm, das ein genaues Abbild des Originals darstellt und ein reelles, also wirkliches Bild davor. Beleuchtet man das Hologramm von der anderen Seite, dann wird aus dem ehemals virtuellen Bild das reelle Bild hinter dem Film und aus dem reellen das virtuelle davor. Wie bei einem Gipsabdruck. Es lassen sich auch beliebig viele Hologramme überlagern."

Rainer zeigte wieder auf das Bild. „Das ist noch ein altes Bild, mittlerweile werden Hologramme am Computer entwickelt und für zahlreiche Anwendungen verwendet. Dennis Gábor hatte ja eigentlich eine Verbesserung von Elektronenmikroskopen gesucht."

„Die kleinen schimmernden Bildchen auf den Geldscheinen oder im Pass, sind das nicht auch Hologramme?" fragte ich.

„Genau!", rief Eva.

„Ein Hologramm eines dreidimensionalen Gegenstands oder einer dreidimensionalen Szene wirkt sehr real, ist es aber in Wirklichkeit ja nicht", erklärt Rainer. „Wenn Du das Hologramm eines Autos erzeugen willst, dann richtest Du einen Laserstrahl auf das Auto. Vom reflektierten Licht dieses Laserstrahls wird ein zweiter Laserstrahl erzeugt. Die Überlagerung beider Laserstrahlen wird dann auf dem Film festgehalten. Dadurch kannst Du Informationen über das Auto gewinnen. Seine Lackierung, seine Größe oder sein Aussehen. Wenn der Film entwickelt ist, sieht es zunächst aus wie ein Durcheinander von verschiedenen Linien. Aber sobald der Film mit einem weiteren Laserstrahl angestrahlt wird, erscheint ein dreidimensionales Abbild des Autos im Raum, das sehr realistisch aussieht."

„Damit Du wirklich etwas siehst, musst Du die Vorlage erneut mit einem Laser bearbeiten, also Energie reinstecken, damit ein Bild entsteht", fügte Eva aufgeregt hinzu.

Dino brachte die Cocktails. Der Ernest Hemingway Daiquiri duftete stark nach Rum. Daiquiri ist ein kubanisches Dorf. Dort begann 1898 die US-amerikanische Invasion auf Kuba. Daiquiri war eines der Lieblingsgetränke von Ernest Hemingway. Die Cocktails bestehen aus weißem kubanischem Rum, Limettensaft und Rohrzuckersirup. Manchmal wird statt Zuckersirup auch Fruchtsirup genommen wie Mango, Erdbeere oder Banane. Der Ernest Hemingway Daiquiri wird mit doppelt so viel Rum, Grapefruitsaft, Maraschino-Likör und Eis zubereitet als üblich. Er trank ihn am liebsten in seiner Lieblingsbar El Floridita in Havanna im Zentrum der Stadt.

„Die Objekte dürfen sich während der manchmal Minuten dauernden Belichtungszeit nicht bewegen", begann Eva. „Um ein Hologramm aufnehmen zu können, müssen deshalb die Teile der Aufnahmeapparatur und das Objekt räumlich fixiert werden. Meist wird der komplette holographische Aufbau oder zumindest Teile davon auf einen schwingungsfreien Tisch montiert. Solch ein Tisch muss eine große Masse besitzen, oft mehrere Tonnen Beton oder schwere Steinplatten, auf mechanisch oder pneumatisch gedämpften Füßen. Das haben wir bei den Autos allerdings nicht gebraucht. Außerdem hatten wir gepulste Laser und dann geht es schneller."

„War das alles nicht sehr teuer?" fragte Jutta.

„Wir konnten einiges bei Freunden ausleihen. Die Automobilfirma war sehr großzügig und hat uns sehr unterstützt. Für die war das auch ein ziemliches Spektakel. Die wollten halt etwas Besonderes haben", fügte Rainer an.

„Jeder Punkt des abgebildeten Objektes beeinflusst das Wellenmuster des gesamten holografischen Bildträgers. Wenn also ein Hologramm zerteilt wird, kommt bei der Rekonstruktion noch immer das ganze Bild zustande. Das Aufteilen des Hologramms in einzelne Stücke führt lediglich zu einer Verschlechterung der Auflösung des Bildes und zu einer Verringerung des einsehbaren räumlichen Bildwinkels", erklärte Eva weiter.

Ich nippte an meinem Cosmopolitan. Eigentlich war mir das alles viel zu kompliziert. Ich schaute Jutta an. Sie wirkte etwas abwesend.

„Der Laser muss einen bestimmten Winkel zum Film haben,

damit die einzelnen roten, grünen und blauen Bilder am gleichen Ort entstehen."

Jetzt hatte auch ich den Faden verloren.

„Holografische Filme können wie die herkömmlichen Filme für die Fotografie aus einem Gel bestehen, in dem sich Silberkristalle befinden. Die Silberkristalle zerfallen unter Lichteinwirkung. Die fein verteilten Silberkristalle bewirken eine Schwärzung des Films bei Intensitätsmaxima, die abhängig vom Interferenzmuster bei der Aufnahme des Hologramms sind. Die belichteten Filme werden wie bei normalen Fotografien in verschiedenen Bädern entwickelt. Allerdings müssen die Silberkristalle bei holografischen Filmen wesentlich kleiner sein, um die nötige Auflösung zu ermöglichen, " erzählte Eva weiter.

„Zum Schutz vor Fälschungen werden auf die meisten Geldscheine und Pässe Hologramme aufgedruckt, weil diese sehr schwer zu kopieren sind", übernahm nun Rainer.

„Ich habe Bilder gesehen", schaltete ich mich ein, „auf denen Gesichter von Kindern zu sehen waren, bei denen eine Operation geplant war."

„Ja", rief Eva, „das sind holografische Gesichtsprofilmessungen. Wegen der unwillkürlichen Bewegung der Kinder werden die Bilder beim Fotografieren zu unscharf. Mit einem gepulsten Laser geht das blitzschnell und das Bild ist dreidimensional. Das Verfahren ist auch gesundheitlich unbedenklich."

„Warum wird dieses holografische Verfahren nicht auch im Kino eingesetzt?" fragte ich.

„Ich denke, dass die technischen Erfordernisse für das Kino enorm sind, schaltete sich Rainer ein." „Aber Du hast Recht, insgesamt wird die Holografie zu wenig beachtet. Im Alltag kommt sie nur auf Geldscheinen und im Personalausweis vor. Dabei ist sie doch etwas ganz besonderes. Du brauchst keine Linsensysteme wie bei der normalen Fotografie und in jedem Teil eines Bildes ist das ganze Bild enthalten. Der Informationsgehalt ist riesig. Das ist auch der Hauptgrund, weshalb eine holografische Übertragung schwierig ist. Mit einem normalen optischen Verfahren wie etwa der Fotokopie sieht das holografische Bild dann nicht mehr plastisch aus und verändert sich nicht mehr, wenn Du den Blickwinkel änderst. Bedenkt aber, dass sich ja der Betrachter eines Hologramms bewegen muss und das Objekt ist starr. Das geht im Kino nicht."

„Die Holografie wirkt wie aus einem früheren Zeitalter", schaltete sich Eva ein. „Mit den Platten wird man an den Beginn der Fotografie erinnert."

Dino erschien wieder und wir bestellten einen zweiten Cocktail. Er grinste mich an und zog dann die Stirne in Falten. Ich nickte ihm zu. Solche tiefschürfenden Gespräche wurden sicher selten in seiner Bar geführt. „Wart ihr zufrieden mit den Cocktails?" „Ja sehr", sagte ich. „Schön, das freut mich", sagte er und ging wieder zurück an die Bar.

„In welchem Film wart Ihr?" fragte Eva. „Im neuesten „Fluch der Karibik" mit Jonny Depp. Er war in 3D. Der Film war aber sehr lange. Die Handlung war etwas verworren. Das Beste sind die Meerjungfrauen. Sie sind schön und grausam zugleich. Es lässt einen gruseln."

Bald darauf verabschieden wir uns.

Delos, die Insel vor Mykonos, ist die Geburtsstätte von Artemis und Apollon. Beide wurden dort über Jahrhunderte verehrt, bis die Heiligtümer zerstört wurden. Später war die Insel Umschlagsort für den Sklavenhandel im Römischen Reich. Heute ist die Insel verwaist. Es leben noch etwa 10 Menschen auf der Insel. Die Museumsaufseher mit ihren Familien.

„You can't predict the future, but you can invent it" – Die Zukunft kann man nicht prophezeien, doch man kann sie erfinden. Dieses Zitat ist von Dennis Gàbor, dem Entdecker der Holografie.

6. Szene

Stringtheorie

Orpheus

Orpheus war der berühmteste Sänger und Kithara-Spieler der Griechen. Orpheus soll die Musik und den Tanz erfunden haben. Er war der Sohn der Muse Kalliope und des Apollon und dieser selbst soll ihn im Spiel der Leier unterrichtet haben. Seine Musik hatte solch eine Kraft, dass Steine in Bewegung kamen, Flüsse still standen, Bäume zu ihm wanderten, um die Musik zu hören und wilde Tiere sich friedlich zu ihm legten. Orpheus heiratete die Nymphe Eurydike. Sie starb früh durch den Biss einer Schlange und sie kam deshalb in die Unterwelt, den Hades. Orpheus folgte ihr wehklagend in den Hades. Der Fährmann Charon verließ zum ersten Mal seinen Kahn, mit dem er die Toten über den Fluss Styx zu rudern pflegte, um weiter der Musik Orpheus zuhören zu können. Auch der Höllenhund Cerberus bellte nicht mehr. Noch nie hatten sich solche Dinge im Hades ereignet. Persephone, die Göttin der Unterwelt, war gerührt und erlaubte Orpheus, Eurydike wieder mit sich hinaufzuführen. Sie stellte allerdings eine Bedingung. Er musste vorausgehen und durfte sie erst oben anschauen. Orpheus war sehr aufgewühlt. Er hörte die Schritte Eurydikes nicht und auch nicht ihren Atem. Es herrschte Totenstille. Also drehte er sich um, um nachzusehen, ob sie ihm auch wirklich nachfolge. Daraufhin verschwand sie endgültig in der Unterwelt.

Ich habe mich entschlossen, Albrecht Keller, einen meiner Freunde anzurufen. Er ist Physiker und beschäftigt sich mit der Stringtheorie. Die Stringtheorie ist der Versuch, alle physikalischen Kräfte einheitlich zu erklären.

Vor 2500 Jahren wurde im antiken Griechenland von Demokrit erstmals die Vermutung geäußert, die Welt bestünde aus unteilbaren Teilchen, den Atomen. 2200 Jahre später wurde diese Idee wieder aufgegriffen, doch im Laufe der Zeit stellte man fest, dass sich Atome in noch kleinere Bestandteile zerlegen lassen, in Elektronen und einen Atomkern. Dieser wiederum besteht aus Protonen und Neutronen, die sich ihrerseits aus jeweils aus drei Quarks zusammensetzen. Diese Teilchen, Elektronen und Quarks, gelten als elementar und lassen sich nicht weiter zerlegen, sind also die kleinsten bekannten Bausteine der Materie. Bisher wurden Elementarteilchen nach dem Standardmodell als nulldimensionale, punktförmige Objekte aufgefasst, die weder eine räumliche Ausdehnung, noch eine innere Struktur besitzen.

Im Gegensatz dazu behauptet die Stringtheorie, dass Teilchen doch eine räumliche Ausdehnung besitzen, nämlich in Form von kleinen, schwingenden, unendlich dünnen, also eindimensionalen Saiten, die jedoch so klein sind, dass sie aus der Entfernung als Punktteilchen erscheinen. Nach der Stringtheorie entspricht jedes Teilchen einem bestimmten Schwingungsmodus eines Strings. Veranschaulichen lässt sich dies an einer Gitarrensaite: Jeder erzeugte Ton entspricht einer bestimmten Frequenz, mit der die Saite schwingt. Analog dazu erzeugen die verschiedenen Schwingungsmuster eines Strings verschiedene Eigenschaften von Teilchen, wie z.B. Masse, Ladung, Spin, usw., wobei immer eine ganze Zahl von Wellenbergen und Wellentälern auf die Länge eines Strings passt. Strings können eine offene oder eine geschlossene Form besitzen. Offene Strings haben zwei lose Enden, während Stringschleifen in sich geschlossen sind. Ein geschlossener String besitzt keine Endpunkte und entspricht einem Kreis. Ein offener String hat zwei Enden und entspricht einer kurzen Linie.

Die Relativitätstheorie und die Quantenphysik haben die Welt drastisch verändert. Die Relativitätstheorie hat das Bild eines statischen Raumes und einer festen Zeit beendet, denn jedes Objekt im Universum hat seine eigene, geschwindigkeitsabhängige Zeit. Die Quantenphysik hat den Begriff der Wahrscheinlichkeit eingeführt und so zu einem noch radikaleren Umdenken beigetragen. Niemand zweifelt mehr an der Richtigkeit beider Theorien. Leider haben wir jetzt zwei Theorien zur Beschreibung des Universums. Eine für den Makrokosmos und eine für den Mikrokosmos. Gibt es eine Verbindung beider Theorien? Die Weltformel?

Albrecht Keller ist gleich am Telefon.

„Warum ist die Stringtheorie jetzt so in die Kritik geraten?"

„Die allgemeine Relativitätstheorie lässt sich wunderbar auf Objekte anwenden, die groß und massereich sind, wie etwa Planeten, die Quantenphysik beschreibt eher das Verhalten sehr kleiner Objekte wie etwa Elementarteilchen. Jede der beiden Theorien kennzeichnet ihr Gebiet sehr genau, doch musste man Mitte des letzten Jahrhunderts feststellen, dass unter extremen Bedingungen, also während des Urknalls, beide Theorien gleichzeitig angewendet werden müssen.

Schnell stellte man fest, dass dies zu unsinnigen Ergebnissen führte. Die Unvereinbarkeit der beiden großen Theorien zeigte den Forschern, dass die Physik auf der tiefsten Ebene nicht eindeutig erklärbar war, und viele waren der Überzeugung, es müsse eine einzige Theorie geben, die das gesamte Universum und die Prozesse darin genau beschreibt. An eine solche „Theory of Everything", abgekürzt TOE werden große Anforderungen gestellt. Bisher gibt es keine Experimente, welche die Stringtheorie beweisen. Wir Stringtheoretiker suchen aber weiter nach Erklärungen."

„Aber die Theorie enthält doch so viele spekulative Ansätze, so dass heute niemand mit Sicherheit sagen kann, ob sie wirklich die Theorie ist, die das Universum richtig zu beschreiben vermag", entgegnete ich.

„Aber wenn sie richtig ist, dann besteht die Welt nur noch aus Strings. Es ist für uns Menschen nicht zu verstehen, dass die Welt mehr als dreidimensional aufgebaut ist. Es gibt Zusatzdimensionen. Einstein hat ja die Zeit als vierte Dimension eingeführt. Er hat damit die berühmte Raumzeit erschaffen. Die Griechen hatten das vorher immer abgelehnt. Während die drei Raumdimensionen Breite, Länge und Höhe leicht begreifbar sind, können weitere Raumdimensionen vom Menschen optisch nicht mehr wahrgenommen werden. Dieser sogenannte Hyperraum galt lange Zeit als exotisches Gebilde. Als Zusatzdimension konnte z. B. die Schwerkraft eingeführt werden."

„Sind Mathematiker besser als andere Wissenschaftler mit Hyperräumen vertraut?" fragte ich.

„Ja, der erste war Theodor Kaluza 1919, der Einstein fünf Dimensionen vorschlug. Nämlich vier Raumdimensionen, davon eine versteckte und eine Zeitdimension. Er hat damit zumindest mathematisch die elektromagnetische Kraft erklärt. Diese

Theorie verbindet den Elektromagnetismus mit der Gravitation.

„Wo ist die vierte Raumdimension versteckt?" fragte ich.

„Der schwedische Physiker Oskar Klein hat 1926 das Rätsel teilweise lösen können. Er hat von aufgewickelten Dimensionen gesprochen. Er hat das erklärt mit Ameisen auf einer Stromleitung. Das Konzept ist aber bald wieder in Vergessenheit geraten."

„Kannst Du nochmals genau erklären, was Strings eigentlich sind?", fragte ich.

„Es sind eindimensionale, schwingende und zugleich winzige kleine Objekte. Es gibt zwei Arten von Strings, nämlich offene und geschlossene. Man spricht von Weltflächen bei den offenen und Weltröhren bei den geschlossenen Strings. Über sogenannte Branen will ich jetzt gar nichts erzählen."

„Die Stringtheorie hat in den letzten 50 Jahren verschiedene Entwicklungsstadien durchlaufen, oder?"

„Heute steht eine leistungsfähige Theorie zur Verfügung. Alle Teilcheneigenschaften lassen sich durch ein einziges schwingendes Objekt, nämlich den String erklären. Er stellt höchstwahrscheinlich den allerersten Übergang von Energie zur Materie dar."

„Aber, es gibt doch noch viele offene Fragen?"

„Ja, was ist die Urkraft und wie muss man sie sich vorstellen? Warum kam es überhaupt zur Aufspaltung der Naturkräfte?

Warum existieren verschiedene Teilchen? Leider hat die Stringtheorie kein Grundprinzip herausgefunden, auf das sie sich stützen kann. Jede große Theorie stützt sich ja auf ein Grundprinzip, das ihr Fundament bildet. Sicher weißt Du, dass die spezielle Relativitätstheorie sich auf das Relativitätsprinzip stützt, wonach jeder Beobachterstandpunkt gleichberechtigt ist. Die Quantenphysik stützt sich auf die Unschärferelation, wonach entweder die Position oder die Geschwindigkeit eines Elektrons exakt bestimmt werden kann, aber nicht beides gleichzeitig. Wir Stringtheoretiker arbeiten daran, auch für die Stringtheorie ein Grundprinzip zu finden. Wenn wir das schaffen, dann haben wir eine Theorie aller Theorien. Wir hoffen auf Edward Witten. Er ist unser Albert Einstein."

„Die Stringtheorie wird doch immer wieder kritisiert."

„Ja. Das stimmt. Sie wird deshalb an manchen Universitäten überhaupt nicht gelehrt. Strings werden auch als Gespenster bezeichnet. Aber wir lieben sie. Die Kritik hat sogar zugenommen, seit wir die Branen, also mehrdimensionale Objekte, entdeckt haben."

„Kannst Du die Funktion von Strings genauer beschreiben?"

„Der Vergleich mit der Saite einer Violine stimmt nicht ganz. Eine Violinensaite ist ja an ihren Enden befestigt. Sie hat also eine konstante Länge. Ein String verfügt dagegen über zwei offene Enden. Die Violinensaite schwingt wie der String mit verschiedenen Frequenzen. Je höher die Frequenz oder je kürzer die Wellenlänge, desto größer die Energie oder die Masse der Teilchen, welche die verschiedenen Strings verkörpern."

„Welche Wechselwirkungen haben Strings zueinander?"

„Strings kommunizieren, indem sie sich teilen oder verbinden. Wenn zwei offene Strings zusammentreffen, können sie sich zu einem einzigen String vereinigen. Kreuzen sie sich, können daraus zwei neue Strings werden. Auch geschlossene Strings interagieren auf ähnliche Weise. Dabei entstehen kurzlebige String- / Antistringpaare. Antistrings schwingen entgegengesetzt."

„Kannst Du doch noch etwas über Branen sagen?"

„Branen sind keine neuen Produkte der Physik. Wir haben sie ja zunächst ignoriert. Wir haben dann aber erkannt, dass Branen für die endgültige Formulierung der Stringtheorie von besonderer Bedeutung sind. Das Wort Branen hängt mit dem Begriff Membrane zusammen. Membrane sind zweidimensionale Objekte, Branen dagegen können eindimensional, zweidimensional usw. bis neundimensional sein. Die Einführung von Branen war notwendig, um Teilchen zu erklären, die durch Strings nicht ausreichend erklärt werden konnten. Dann wurden Branenwelten geschaffen und es existiert auch eine Branentheorie. Branen besitzen physikalische Eigenschaften. Die wichtigste davon ist ihre Spannung. Sie ist vergleichbar mit der Spannung eines Trommelfells oder eines Trampolins. Genauso bewegt sich eine Brane. Außerdem kann sich eine aufgewickelte Brane wie ein Teilchen verhalten."

„Könntest Du auch noch erklären, was Zusatzdimensionen sind?"

„Ich habe vorher über die vier Raumdimensionen bei Klein und Kaluza gesprochen. Aus einer zweidimensionalen Fläche mit den Eckpunkten A, B, C und D kann ein dreidimensionale

Körper mit den zusätzlichen Eckpunkten A', B', C' und D' entstehen, ein Punkt P innerhalb der zweidimensionalen Fläche wird dann durch einen Kreis ersetzt. Betrachtet man diese Fläche als dreidimensionales Gebilde, dann stellt der Kreis eine vierte Dimension dar. Ersetzt man den eindimensionalen Kreis durch ein zweidimensionales Gebilde, etwa einen Autoreifen, dann entsteht ein fünfdimensionaler Raum. Ersetzt man den Autoreifen durch eine Kugel, dann bekommst Du einen sechsdimensionalen Raum. Durch die Zusatzdimensionen können wir weitere physikalische Prozesse besser beschreiben. Zusatzräume bedeuten für uns eine größere Bewegungsfreiheit. Wir haben festgestellt, dass die Berechnungen am besten mit elf Dimensionen funktionieren, nämlich zehn Raumdimensionen und einer Zeitdimension."

„Was bedeutet eigentlich die M-Theorie?"

„Vor 25 Jahren, also 20 Jahre nach der Entdeckung der Stringtheorie standen wir vor einem scheinbar unlösbaren Problem. Es wurde nämlich festgestellt, dass es mehrere Varianten gab, die völlig unterschiedliche Universen beschrieben. Mit der M-Theorie war es aber letztendlich möglich, sie alle zu verbinden. Es war der Verdienst von Edward Witten, dass es uns endlich 1995 gelang. M steht für Mysterium, Magie, Mutter oder Matrix."

„Ist nicht eines der größten Probleme der Stringtheorie, sie experimentell überprüfen zu können?"

„Du hast Recht. Strings sind ja so winzig. Aber es gibt indirekte Möglichkeiten der Messung."

„Was sind die Erfolge der Stringtheorie?"

„Es ist gelungen, eine Verbindung zwischen der allgemeinen Relativitätstheorie und der Quantentheorie herzustellen. Wir haben auch eine Erklärung für die Vielfalt von Elementarteilchen durch die unendliche Anzahl möglicher Schwingungsmöglichkeiten von Strings. Mit Hilfe von Strings haben wir eine Erklärung für den sogenannten Urknall. Ich bin mir sicher, dass der große Traum der Wissenschaftler in Erfüllung gehen wird, eine alles umfassende Theorie für das Universum zu finden. Dies wäre sicherlich ein großer Moment für die Menschheit."

Nachdem Eurydike zurück in die Unterwelt musste, hatte Orpheus sieben Tage nichts gegessen und sich sieben Monate in eine Höhle in Makedonien zurückgezogen. Die Waldbewohner kamen zu ihm, und er berichtete von seinen Erfahrungen in der Unterwelt. Orpheus sang vom Anfang der Welt und den Göttern.

Ähnlich wie Saiten schwingen die Strings. Im Kosmos ist Musik.

7. Szene

Akasha-Chronik

Ariadne

Der kretische König Minos hielt den Minotaurus, ein Ungeheuer mit dem Kopf eines Stieres und dem Körper eines Menschen in einem Labyrinth bei seinem Palast gefangen. König Minos führte Krieg gegen die Athener und besiegte sie auch schließlich. Athen mussten nun alle neun Jahre jeweils sieben Jünglinge und sieben junge Mädchen als Tributzahlung nach Kreta schicken. Alle wurden dem Minotaurus geopfert. Das Schiff fuhr mit schwarzen Segeln. Bei der dritten Fahrt erklärte sich Theseus, der Adoptivsohn des Königs von Athen Aigeus bereit, selbst als Opfer für den Minotaurus mitzufahren. Theseus wollte allerdings das Ungeheuer töten. Die Opferung junger Athener sollte ein Ende haben. Der König bangte um das Leben seines Sohnes und bat ihn, bei der Rückkehr weiße Segel zu setzen, wenn das Unternehmen geglückt war. Sofort nach der Ankunft auf Kreta erschien Ariadne, die Tochter von König Minos. Sie hatte sich sofort in Theseus verliebt und wollte ihm helfen, wenn er sie heiraten würde. Theseus willigte ein. Sie übergab ihm einen von ihr selbst gesponnenen roten Wollknäuel. Der Anfang des Fadens wurde am Eingang des Labyrinths befestigt. Mit dem Wollknäuel und seinem Schwert in der Hand ging Theseus in das Labyrinth und tötete schließlich den Minotaurus. Der Faden half ihm, wieder herauszufinden. Gemeinsam mit Ariadne und deren jüngerer Schwester Phaidra flüchteten alle von der Insel. Bei einem Zwischenstopp auf der Insel Naxos wurde Ariadne dort zurückgelassen. Sie war am Strand eingeschlafen. Theseus und seine Mannschaft vergaßen nicht nur bei der Weiterfahrt Ariadne mitzunehmen sondern auch die weißen Segel zu setzen. Als Aigeus das Schiff kommen sah und seinen Sohn tot wähnte, stürzte er sich von der Klippe ins Meer, das seither Ägäis heißt. Theseus übernahm die Regentschaft und heiratete Phaidra.

Wir saßen in der Bar o.T. und Siggi kam hinzu. „Habt Ihr inzwischen das Perpetuum mobile erfunden?" frage ich spöttisch. Siggi grinst. „Hast Du die Geschichte vom Casimir-Effekt gehört?" „Ja", sage ich, „aber nicht verstanden". „Der Automobil-Konzern ist immer wieder auf der Suche nach einer nie versagenden Energiequelle. Die Idee von Hendrik Casimir war ja so erfolgversprechend. Er hatte schon 1948 vorausgesagt, dass zwei im Vakuum gegenüberstehende Metallplatten sich anziehen zusätzlich zur Gravitationskraft. Diese Behauptung konnte viele Jahre später tatsächlich experimentell bestätigt werden."

„Was für eine Bedeutung hat dies für unsere Welt?", wollte Jutta wissen. „Was ist das für eine ungewöhnliche Kraft?", fragte ich.

Siggi wirkte geheimnisvoll. „Die Antwort ist bereits in der Heisenbergschen Unschärferelation versteckt. Diese Grundregel besagt ja, dass Energie und Ort gleichzeitig nie genau bestimmt werden können. Also kann die Energie nicht bei null liegen, denn sonst würde man ja zu einem exakten Zeitpunkt die exakte Energie kennen und das ist ja ausgeschlossen. Das Vakuum besitzt also eine Nullpunktenergie. Und das hat vielfältige Konsequenzen. Im Vakuum entstehen und vergehen ständig Teilchen. Sie kommen gleichsam aus dem Nichts. Der entscheidende Punkt ist, dass zwischen den beiden Platten weniger Teilchen vorhanden sind als außerhalb beider Platten. Oft wird dieses Feld Nullpunktfeld bezeichnet. Wir befinden uns ja am absoluten Nullpunkt bei minus 273 Grad Celsius. Die Nullpunktenergie ist die Energie, die übrig bleibt, wenn der Raum so leer und die Energie so niedrig wie möglich ist. Bisher wurde diese Restenergie vernachlässigt. Für uns Quantenphysiker war die Nullpunktenergie immer ein Ärgernis bei unseren Berechnungen. Wir mussten sie immer abziehen oder wegrechnen. Der Wert ist natürlich sehr gering. Aber wenn man zusammenrechnet, wie viele Teilchen im gesamten Universum ständig auftauchen und wieder verschwinden, ergibt sich daraus eine riesige, eigentlich unerschöpfliche Energiequelle."

„Wenn wir dieses Feld anzapfen könnten, dann hätten wir keine Energieprobleme mehr", bemerkte ich.

Dino brachte die Cocktails. Siggi und ich tranken eine Margarita, Jutta eine Pina Colada. Die Pina Colada symbolisiert das Lebensgefühl der Tropen. Sie wurde zum Nationalgetränk Puerto Ricos erklärt. Zubereitet wird die Pina Colada mit weißem Rum, Kokosnusscreme, Ananassaft und zerstoßenem Eis. Zur Dekoration verwendet man eine Ananas-Scheibe und eine Maraschino-Kirsche. Manchmal wird noch etwas Sahne hinzugefügt, damit der Cocktail noch cremiger wird. Angeblich wurde die Pina Colada 1954 in der Bar des Caribe Hilton Hotels auf Puerto Rico erfunden. In Wirklichkeit waren dort schon viel früher Getränke aus Rum, Kokosnuss und Ananas bekannt. Die Herstellung der Kokosnusscreme war allerdings schwierig. Erst durch die Erfindung des elektrischen Mixers, auf Englisch „blender" genannt, kam der Durchbruch.

„Ich habe noch von einem anderen Experiment gehört, es nennt sich Lamb-Verschiebung. Was bedeutet das denn?" fragte ich.

„Das hängt auch mit dem Nullpunktfeld zusammen. Der Physiker Lamb hat herausgefunden, dass eine Gruppe gleicher Atome bei der Einstrahlung von Licht sich anders verhält als ein Einzelatom. Es kommt zu einer Frequenzverschiebung. Das Licht, das von den Atomen abgestrahlt wird, ist energieärmer und somit deutlich ins Rote verschoben im Vergleich zur Abstrahlung eines einzelnen Atoms. Die Experimente konnten zeigen, dass das Licht fast 100-mal schneller ausgesendet wurde als von einem einzelnen Atom."

Jutta sprang auf und winkte einem bärtigen Mann, der in unserer Nähe stand. Er kam an unseren Tisch. „Das ist Gianfranco Moretti, ein Künstler, der Mitglied im Berufsverband ist. Er kommt aus Italien und hat lange in Indien gelebt." „Buona sera", sagte er artig. „Ich komme gerade aus dem Kunstmuseum. Ich habe mir alles angesehen. Perfetto!" „Setzen Sie sich doch zu uns, wenn Sie möchten", sagte ich. „Das Gespräch ist allerdings für einen Künstler sicherlich nicht so interessant, denn wir haben über die Quantenphysik und das Nullpunktfeld gesprochen."

„Ihr meint wahrscheinlich das Akasha-Feld oder die Akasha-Chronik, das Weltgedächtnis." Wir schauten uns etwas ratlos an. „Swami Vivekananda beschrieb in seinem Werk über Raja Yoga das Akasha so: „Das ganze Universum besteht aus zwei Stoffen. Akasha und Prana. Prana ist die Lebenskraft, die Energie. Akasha ist der Äther, der Himmel, der Weltraum. Es ist das allgegenwärtige, alles durchdringende Vorhandensein. Alles, was Form besitzt, alles, was das Ergebnis von Verbindung ist, entwickelt sich aus diesem Akasha. Es ist das Akasha, aus dem Luft wird, es ist das Akasha, aus dem Flüssiges hervorgeht und auch das Feste. Es ist das Akasha, das zur Sonne wird, zur Erde, zum Mond, den Sternen, den Kometen.

Es ist das Akasha, das zum menschlichen Körper wird, zum tierischen Körper, zu Pflanzen, zu allem, was mit den Sinnen wahrgenommen werden kann und zu allem, was existiert. Am Anfang der Schöpfung gab es nur dieses Akasha und am Ende des Zyklus schmolz das Feste, die Flüssigkeiten und alle Gase wieder in das Akasha hinein, und die nächste Schöpfung wird sich wieder aus diesem Akasha entwickeln."

Stille trat ein, wir alle schauten den bärtigen Mann an, der aus kleinen blitzenden Augen uns anlächelte. Jeder nippte an seinem Cocktail. „Das Akashafeld, von dem hier die Rede ist, entspricht dem Quantenfeld der modernen Physik", sagte er mit Nachdruck und blinzelte wieder mit den Augen. „Akasha ist das bleibende Gedächtnis des Kosmos."

„Dies hört sich alles sehr esoterisch an", meinte Siggi trocken. „Ja, aber streng genommen ist auch die Quantenphysik eine esoterische Wissenschaft", erwiderte Moretti. „Esoterisch kommt aus dem Griechischen und bedeutete bei den Philosophen das Wissen, das der Allgemeinheit unbekannt ist. Mit Quantenphysik können nur wenige etwas anfangen."

„Ich glaube, wir sind mit unseren Meinungen in Wirklichkeit schon sehr nahe beieinander", gab ich vorsichtig zu bedenken. „Wenn ich es richtig verstanden habe, dann ist das Quantenfeld einerseits ein Energiefeld und andererseits ein Informationsfeld. Unser Handicap ist, dass es wie bei anderen wichtigen physikalischen Gesetzen keinen direkt sichtbaren, greifbaren oder fühlbaren Beweis gibt. Es gibt bisher keine akademisch abgesicherten Theorien, für viele sind es Rätsel und Geheimnisse. Das Akashafeld der alten indischen Philosophen könnte mit unseren modernen Vorstellungen übereinstimmen. Das Universum enthält nicht nur Masse und Energie, sondern auch

Information. Es verbindet alle Dinge in Raum und Zeit. Es wird möglich durch das Phänomen der Nichtlokalität. Information entsteht durch eine rasche, von der Entfernung unabhängige Verbindung zwischen Orten im Raum. Die Quantenphysik bezeichnet dies als nichtlokal, die Bewusstseinsforschung als transpersonal. Information erscheint als eine Form der Erinnerung. Alle Ereignisse hinterlassen Spuren im Quantenfeld. Alles wird informiert. Aber auch das Quanten- oder Nullpunktfeld gibt seinerseits Informationen weiter."

„Das ist eine gute Erklärung", strahlte Moretti. „Es geht noch weiter. Sogar die Stabilität der Atome ist dem Quantenfeld zu verdanken. Die Elektronen strahlen auf ihrer Umlaufbahn um die Atomkerne ständig Energie ab. Eigentlich müssten sie auf die Kerne einstürzen, aber der Energieverlust wird durch das Feld ausgeglichen. Auch die Erde profitiert auf ihrer Umlaufbahn um die Sonne davon. Sonst würde die Erde in die Sonne stürzen. Das Quantenfeld ist ein dichtes kosmisches Medium. Es ist das Trägermedium für Licht und andere Naturkräfte wie Energie, Druck oder Töne."

„Die Frage ist aber, wie registriert, konserviert und vermittelt das Quantenfeld all diese Informationen", bemerkte Jutta.

„Die Information liegt im Quantenfeld in verteilter Form vor", begann Moretti. „Sie ist gleichzeitig überall zu finden, wo die Wellen hingelangt sind. Da die sogenannten Vakuumwellen sich extrem schnell fortpflanzen können, ist die Information über einen sehr großen Bereich verteilt und erfüllt letztlich den ganzen Kosmos. Gleichzeitig funktioniert das Universum wie ein Hologramm. Alle Informationen sind in diesem Hologramm abgespeichert. In einem Hologramm greifen alle Elemente mit gleichförmigen Elementen in einander. Dieser

Prozess ist vergleichbar mit Resonanz. Über Hologramme, die vom Quantenfeld erzeugt werden und übermittelt werden, werden Zustände informiert. Menschen werden durch Menschen informiert. Das Quantenfeld wirkt in jeden Bereich der Natur. Es informiert alle Organismen. Einzelne Hologramme sind vernetzt mit den umfassenden Hologrammen des Gesamtorganismus. Die Hologramme ganzer Gruppen von Gemeinschaften sind verbunden. Ich vermute, dass das Leben auf der Erde von irgendwo anders im Universum informiert wurde. Auch wir informieren andere."

„Sie sind Künstler", sagte ich. „Glauben Sie, dass Künstler leichter Zugang zum Akashafeld oder Quantenfeld bekommen als andere Menschen? Wie denken Sie darüber?"

„Unser Gehirn ist ein Quantencomputer. Der Körper stellt nicht nur ein biologisches System dar, er besitzt auch ein Quantensystem. Das Bewusstsein ist ein Resonanzphänomen. Einsichten und Ideen werden nicht im Gehirn produziert, sondern quasi heruntergeladen. Durch Resonanzprozesse kann das Gehirn Informationen in das Informationsfeld hineinsenden und sie wieder aus ihm herauslesen. Das Universum ist eigentlich selbst ein großes Gehirn. Spiritualität bedeutet, dass wir in der Lage sind, über unser Gehirn in besonderem Maß Informationen zu erhalten. Unser aktuelles Modell des Universums besteht nicht nur aus Materie und Raum, es besteht auch aus Energie und Information. Alle spirituellen Erfahrungen beruhen auf dieser Verbindung mit dem Informationsfeld des Universums, ganz gleich, wie der Einzelne sie interpretieren mag. Ob man diese Verbindung nun zwischen sich und einer in der Natur vorhandenen Intelligenz empfindet wie Schamanen, oder zwischen sich und einem transzendenten Gott wie unsere Religion, die grundlegende Erfahrung bleibt die gleiche. Wir

Künstler finden leichter Zugang zu den Informationsfeldern, da bin ich mir ganz sicher, Signori."

„Physik, Philosophie und Religion waren noch nie so eng verbunden wie heute. Wissenschaft und Kunst sind sich nicht fremd. Ein Hoch auf die Quantenphysik." Siggi erhob sein Glas.

Bei einem Zwischenaufenthalt auf der Insel Naxos wird Ariadne zurückgelassen. Hesiod und die meisten anderen Erzähler berichteten, dass sie am Strand der Insel von Dionysos völlig verlassen und schlafend aufgefunden wurde. Vielleicht durfte Theseus sie gar nicht mit nach Hause nehmen, weil ein anderer bereits seinen Anspruch angemeldet hatte.

Dionysos ist in der griechischen Götterwelt der Gott des Weines, der Freude, der Trauben, der Fruchtbarkeit und der Ekstase. Er wurde von den Griechen und Römern wegen des Lärms, das sein Gefolge veranstaltete, auch Bacchus, „der Rufer". genannt.

Ariadne heiratete Dionysos und wurde unsterblich.

8. Szene

Ich erschaffe mir meine Welt

Sisyphos

Sisyphos verriet die Pläne des Zeus, der höchsten Gottheit der Griechen. Zeus schickte ihm dafür den Tod. Sisyphos gab dem Tod Wein zu trinken, bis dieser betrunken war, so dass er ihn überwältigen und fesseln konnte. Daraufhin starb niemand mehr. Der Kriegsgott Ares befreite den Tod wieder, denn auch auf dem Schlachtfeld war niemand mehr gestorben. Sisyphos wurde bestraft und musste in die Unterwelt. Sisyphos war jedoch listig. Er befahl seiner Frau, ihn nicht zu bestatten und keine Opfer zu bringen. Deshalb durfte er wieder auf die Erde zurück, damit das Totenopfer nachgeholt werden konnte. Er lebte jedoch weiter an der Seite seiner Frau und spottete über die Unterwelt. Der Tod kam nochmals persönlich vorbei und holte ihn wieder zurück in die Unterwelt. Dort erhielt er seine Strafe. Sie bestand darin, dass er einen Felsbrocken einen Hang hinaufrollen musste. Oben angekommen rollte der Felsbrocken wieder zurück, und er musste wieder von vorne beginnen.

Ich bin im o.T. Dino bringt mir eine Margarita. Ich sehe auf die Terrasse hinaus. Leute sitzen an den Tischen und unterhalten sich lebhaft.

Wie war das mit dem Quantenfeld oder Nullpunktfeld gewesen. Es ist das unerschöpfliche Energiefeld. Es ist formbar, wartet nur, dass etwas geschieht. Alles ist möglich und kann aus diesem Feld geschaffen werden. Aus vielen verschiedenen Möglichkeiten wird eine entstehen. In der Sprache der Quantenphysik wird eine Welle kollabieren. Das menschliche Bewusstsein ist der Schlüssel zum Quantenfeld. Von ihm geht alles aus. Unser Bewusstsein hat Einfluss auf das, was um uns geschieht. Das Bewusstsein entscheidet, wie unsere Welt aussehen soll. Das würde aber bedeuten, dass Ursache und Wirkung vertauscht werden. Das Bewusstsein stellt alles ins Quantenfeld und erschafft Neues. Jetzt kommt das Hologramm ins Spiel. Ein Hologramm ist ein Abbild eines dreidimensionalen Objekts oder einer Szene, das real zu sein scheint, es aber nicht wirklich ist. Das Universum als Hologramm? Auf einem zweidimensionalen Träger wird das Bild festgehalten. Es sieht allerdings bedeutungslos aus. Ein Durcheinander von Linien unterschiedlicher Intensität. Wenn aber ein Laserstrahl darauf gerichtet wird, erscheint das dreidimensionale Abbild des Objekts wieder. Es sieht dann absolut realistisch aus. Das ursprüngliche Bild wird detailliert wiedergegeben. Die Verwirklichung der Illusion erfolgt also in zwei Schritten. Zum einen muss eine Vorlage erstellt werden. Dann wird in die Vorlage Energie, wie beim Laser, gepackt, danach ist das Bild zu sehen.

Um es genauer zu beschreiben: Das Bewusstsein hat vor, ein Objekt, das statisch oder beweglich ist, zu erschaffen. Eine Vorlage wird im Quantenfeld oder Nullpunktfeld entwickelt und mit allen Details ausgestattet. Entsprechend der Bedeutung dieser Vorlage wird dann Energie wie aus einem Laser hinzugefügt. Dadurch entsteht blitzschnell eine holografische Täuschung. Je mehr Energie hinzukommt, also je wichtiger mir das Objekt oder die Szene ist, desto detaillierter wird das Bild. Energie steht genug zur Verfügung. Ich bekomme also laufend exakte und realistische Bilder. Im Laufe meines Lebens nehmen die Vorlagen immer mehr zu. Sie sind die Grundlage meines Lebens. Ich bestimme selbst, was für Vorlagen ich entwickeln werde. Steht ein Plan dahinter? Ja. Ich bin nicht der Zuschauer wie im Kino, ich bin selbst der Regisseur. Gleichzeitig spiele ich aber auch in diesem Film mit. Die Illusion muss perfekt sein. Dafür wird alles getan. Ist dies nicht der Fall, funktioniert es nicht mehr. Wir lernen, die Vorlage immer perfekter zu gestalten. Die Leistungsfähigkeit unseres Bewusstseins ist fantastisch. Wir gehen stillschweigend davon aus, dass nur positive und nützliche Vorlagen kreiert werden. Leider ist dies aber nicht der Fall. Wir fangen plötzlich an, negative und schädliche Vorlagen zu entwickeln. Warum ist das so? Wir Menschen sind so angelegt. Immer zwei Systeme konkurrieren miteinander. Sind sie im Gleichgewicht, geht es uns gut. Überwiegt ein System, gibt es Probleme. Leider ist es so, dass sehr häufig negative oder einschränkende Vorlagen entstehen. Deshalb kann auch das Hologramm nicht besser ausfallen. In Wirklichkeit sind wir aber ausgezeichnete Erfinder von positiven Hologrammen. In den Szenen treten verschiedene Menschen auf. Eine Handlung entsteht. Sie sind Teil unseres Hologramms. Sie erhalten ganz bestimmte Funktionen und Rollen. Es ist wie in einem Film. Die Regieanweisungen kommen aber immer von mir selbst. Niemand ist in der Lage, in mein Hologramm einzudringen. Ich bin also auch geschützt, kein Mensch kann mir Schaden zufügen, außer ich entwickle eine entsprechende Vorlage. Ich statte sie dann mit Energie aus und denke, es ist alles wirklich.

Menschen in meinen Hologrammen haben verschiedene Aufgaben bezüglich meiner Person. Sie sollen meine Einstellungen und Denkweisen reflektieren. Sie bieten mir Wissen oder Einsichten an oder sie unterstützen meine Fortentwicklung. Wir sehen uns selbst in anderen Menschen. Wir hassen und lieben an ihnen, was wir an uns selbst hassen und lieben. Wir streiten, weil wir selbst zerrissen sind. Wir belohnen und bestrafen andere wie uns selbst. Wir holen uns Menschen in unser Hologramm um reflektiert zu bekommen, wie wir denken und fühlen. Durch diesen Prozess entwickeln wir uns ständig weiter.

Angenommen ich bin der Meinung, ich müsse viel Sport treiben, um gesund zu bleiben, dann hole ich mir Menschen in mein Hologramm, die häufig Sport treiben und bestätige damit meine innere Überzeugung. Auch negative Dinge werden auf diese Weise verstärkt. Ich habe Angst, eine Grippe zu bekommen. Also setze ich Leute in mein Hologramm, die Zeichen eines Infektes haben und verstärke dadurch meine Denkweise. Wenn ich glaube, dass ich in meiner Firma unterschätzt und unterbezahlt bin, dann erschaffe ich Akteure, die mir beweisen sollen, dass ich Recht habe. Wenn ich Menschen schlecht behandle, sie ignoriere oder sie unterdrücke, dann reflektiere ich damit die Tatsache, dass ich mich selbst schlecht behandle und unterdrücke. Um mich weiterzuentwickeln, sind Wissen, Weisheiten und Einsichten nötig. Deshalb erschaffe ich Lehrer, Experten, Berater und Freunde, die mich mit Informationen versorgen. Hilfsmittel wie Bücher, Zeitschriften, Videos und andere Dinge stelle ich dazu. Um die persönliche Entwicklung zu fördern, erscheinen Menschen im Hologramm, die Dinge in Bewegung bringen. Es kann sein, dass ich eine neue Arbeitsstelle angeboten bekomme, mein Job wird gekündigt, ich erhalte einen Strafzettel wegen Geschwindigkeitsüberschreitung oder ich werde beleidigt. Jede dieser Kreationen öffnet eine Tür und „schupst" mich weiter.

Siggi kam mit schnellen Schritten über die Terrasse gelaufen. Er wusste nicht, ob er es schaffen würde zu kommen. Er setzte sich zu mir, und ich wiederholte meine Gedanken. Er schwieg. Dann fing es an, in seinem Gehirn zu arbeiten.

„Wenn das so abläuft, wäre es dann nicht auch möglich, belastende oder einschränkende Vorlagen wieder zu löschen?"

Die Musik in der Bar war heute etwas schrill. Er wusste nicht, dass auch ich schon darüber nachgedacht hatte.

„Wenn mein Bewusstsein alle Vorlagen im Nullpunktfeld erstellt und ich sie dann mit Energie ausstatte, um sie wirksam werden zu lassen, dann müsste es doch auch möglich sein, die Energie wieder zurückzuholen und sie wieder bedeutungslos werden zu lassen", bemerkte ich.

Dino erschien und fragte, ob wir Lust hätten, seine neue Kreation zu probieren. Den „Captain Jack Sparrow Cocktail". Nächste Woche sei sicher auch der „Black Pearl" fertig. Ich fragte nach den Zutaten. „Rum, Tequila, Triple Sec, Limettensaft und einen winzigen Schuss Maraschino." Wir nickten begeistert. Triple Sec war der erste Orangenlikör und kam 1834 nach Frankreich. Er wird aus Bitterorangen gemacht, die auf Curacao wachsen und dort von den Spaniern im 16. Jahrhundert gepflanzt worden waren. Eigentlich hatten die Spanier normale Orangen angepflanzt, aber diese Bäume hatten das Klima nicht vertragen. Die Plantagen wurden dann wieder aufgegeben. Im Lauf der Jahrhunderte entstanden dann diese Bitterorangen. Zum Essen sind diese Früchte nicht geeignet. Cointreau und Grand Marnier werden ähnlich hergestellt. Die Schalen werden zuerst getrocknet, denn sie enthalten das starke Orangenaroma. Später werden sie dann in Alkohol eingelegt.

„Die Vorlagen jedes einzelnen liegen in einem Archiv wie Pakete. In einer Art Lagerhalle. Entweder auf verschiedenen Regalen, auf dem Boden, übereinander gestapelt, verschnürte, geöffnete, große, ganz große und schwere und ganz kleine. In diesen Paketen liegen unsere Vorlagen. In einem besonderen Bereich befinden sich die Vorlagen, die uns einschränken und belasten. Für diese Vorlagen wenden wir besonders viel Energie auf. Manchmal so viel, dass für Positives nichts mehr übrig bleibt. Wenn diese Pakete geöffnet werden und es gelingt die Energie herauszunehmen, dann werden sie bedeutungslos. Die freiwerdende Energie ermöglicht uns neue Wege und Zustände", sagte ich.

„Weißt Du", begann Siggi, ich glaube, das alles ist sehr kompliziert. Deine Pakete liegen ja nicht einfach so im Regal und warten, bis sie geöffnet werden. Du hast ja selbst gesagt, dass manche Pakete sehr viel Energie enthalten. Ich denke, das sind die Pakete, die einen besonders belasten, weil sehr viele Emotionen mit darin stecken. Ein Beispiel: In unserer heutigen Welt spielt ja das Geld eine große Rolle. Also meine Finanzen. Fragen wie: „Reicht mein Geld? Werde ich meine Schulden bezahlen können? Was wird aus meiner Familie? Wie werden meine Freunde und Bekannte reagieren?" Durch Gefühle, die ebenfalls in den Paketen stecken und mit viel Energie versehen sind, werden die Pakete immer schwerer und größer. Ich denke, dass es entscheidend ist, Emotionen aus den Paketen zu holen, um sie wieder klein und handlich werden zu lassen."

Plötzlich stand Gianfranco Moretti, der Künstler und Yogi auf der Terrasse. Ich winkte ihm zu und forderte ihn auf hereinzukommen.

„Hallo", sagte er etwas kurzatmig. „Ich bin gerade auf dem Weg zu meinem Galeristen. Ihr habt sicherlich wieder tiefschürfende Gespräche, oder? Braucht Ihr mehr Informationen?"

„Wir sprechen gerade über die Energie in unseren belastenden Vorlagen. Ich denke, es muss eine Möglichkeit geben, sie wieder zurückzubekommen und dadurch Belastungen zu beseitigen."

„Probleme sind Ausdruck von Grundüberzeugungen, die wir in der Kindheit hauptsächlich von unseren Eltern angenommen haben und für die Wahrheit halten. Solange sich eine negative Überzeugung nicht verändert, erscheint sie in immer neuen Problemen und bestätigt sich dadurch selbst. Man könnte jetzt auf die Idee kommen, die Probleme dadurch zu lösen, dass man die zugrunde liegende Überzeugung ausfindig macht und verändert. Die Gefahr dabei ist aber die, dass neue Überzeugungen geschaffen werden, wie: „Ich muss unbedingt meine negativen Überzeugungen finden." Die Probleme werden aber dadurch zunehmen, und mir wird bestätigt, dass ich möglichst schnell meine Überzeugungen finden muss. Wenn ich glaube, dass ich etwas tun muss, erschaffe ich eine Realität, die mir genau dies bestätigt. Der einzige Ausweg aus dem Dilemma besteht darin, die Probleme nicht mehr als Problem zu betrachten. Dann wäre unsere Wahrnehmung nicht mehr auf den Zwang, sie lösen zu müssen, gerichtet und wir könnten ganz spielerisch die Situation verändern und verbessern. Wir würden uns außerdem ganz nebenbei von Problem auf Lösung umprogrammieren, noch bevor eine Situation zum Problem werden kann. Wichtig ist also die positive Wendung des Problems. Immer wenn eine Vorlage im Hologramm kreiert wurde, z.B. eine Ware, eine Dienstleistung oder eine Erfahrung sollte dies als positive Leistung gewertet werden. Ein Beispiel: Statt daran zu denken, dass durch die Bezahlung eines guten Essens der Kontostand abnimmt, sollte daran gedacht werden, wie gut das Essen geschmeckt hat. Man sollte sich für das gute Essen bedanken. Wichtig ist das Gefühl, das dabei entsteht."

„Warum ist eine positive Wendung so wichtig?" fragte Siggi.

„Der Zwang, eine Lösung finden zu müssen, darf nicht entstehen. Man kommt sonst aus dem Teufelskreis nicht heraus. Die negativen Überzeugungen werden sonst immer zahlreicher."

„Und wie bekomme ich dann die Energie aus den Paketen zurück?" fragte ich.

„In allen Paketen steckt Energie. Die Erfahrung zeigt, dass besonders viel Energie dort verborgen ist, wo unangenehme Gefühle bestehen. Gefühle entstehen ja immer dann, wenn eine Vorlage im Nullpunktfeld kreiert wurde, sie mit viel Energie versehen wurde und jetzt im Hologramm steht. Diese Illusion wirkt so echt, dass man glaubt, sie sei Realität. Ist sie ja aber nicht. Ich habe sie ja nur erfunden. Aber es fehlt mir der Mut, etwas zu ändern. Es wird sicherlich nicht möglich sein, bei den großen Paketen die gesamte Energie sofort zurückzubekommen. Wahrscheinlich sind mehrere Schritte erforderlich."

Moretti war jetzt richtig in seinem Element, trank Espresso, lehnte sich zurück und lächelte vergnügt.

„Gibt es so etwas wie ein Konzept, eine Anleitung, wie man vorgehen könnte?" fragte ich.

„Am Anfang braucht man den Mut, sich der unangenehmen Situation voll auszusetzen. Man muss die gesamte negative

Energie spüren, auch wenn man Angst davor hat. Dies ist dann der Augenblick, in dem man plötzlich erkennt, wie viel Energie in diesem Paket eigentlich drinsteckt. Es kann sein, dass diese Energie so überwältigend ist, dass man wieder aufhören muss. Der Gedanke ist nicht mehr auszuhalten. O. k., lass es sein! Versuch es später noch einmal. Jetzt wird es nämlich richtig spannend. Man befindet sich jetzt quasi im Brennpunkt des Geschehens, ist also mittendrin. Aber es kann nichts passieren. Unser Bewusstsein schützt uns und sorgt für Sicherheit. Entscheidend ist, sich auf die negativen Gefühle einzulassen. Wenn diese Situation schließlich ihren Höhepunkt erreicht hat, es kaum mehr auszuhalten ist und die Gefühle ungeheuer stark sind, muss der Verstand, also der Gegenspieler unserer Gefühle, einsetzen und alles auflösen. Der Verstand meldet sich nun und sagt, dass alles nur eine Erfindung meiner Phantasie ist. Nichts ist echt. Es hat sich bewährt, einen kurzen Satz zu formulieren, also einen kurzen Monolog, ein Selbstgespräch zu halten. Es ist wie in einem Drama auf der Bühne, und es passiert ja in diesem Augenblick etwas Dramatisches. Monologe bilden in Theaterstücken einen Höhepunkt oder bezeichnen einen Wendepunkt in der Handlung."

„Und, was soll ich dann sagen?", fragte Siggi etwas ratlos und trank einen Schluck aus seinem Cocktailglas.

„Im Prinzip ist es nicht so wichtig, was man genau sagt, begann Moretti. Bewährt hat sich eine Einstimmung in den Ablauf. Das ist der Einstieg so zu sagen. Deshalb empfehle ich mit folgendem Satz zu beginnen:

„Ich bin ein Mensch dieser Welt."

Der nächste Satz soll zeigen, um was es geht:

"Alles, was ich erlebe, ist meine Erfindung, und ich bin stolz darauf."

Hier ist wieder die Wertschätzung wichtig, die positive Wendung des Problems. Der nächste Satz lautet:

„Ich habe unermesslich viel Energie."

Ich bin also in Sicherheit, mir kann eigentlich nichts passieren. Aus dieser Sicherheit heraus sage ich dann energisch:

„Aber jetzt hole ich meine Energie aus dieser Erfindung wieder zurück."

Und danach:

„Ich spüre, wie die Energie wieder zu mir zurückkommt, wie sie mich durchfließt."

Am Anfang klinkt alles vielleicht etwas befremdlich. Mit der Zeit wird es aber vertrauter. Mit der Zeit wird es gelingen, die Energie ganz aus den belastenden Paketen zu ziehen. Manchmal muss dieser Prozess mehrfach angewandt werden. Das ist das entscheidende. Die Energie muss aus den Paketen. Alles nur zu verstehen reicht nicht aus. Man muss die negativen Gefühle spüren, vor denen man immer Angst hatte und die Sorge, dass unangenehme Dinge passieren könnten."

Moretti schaute auf seine Uhr. „Mein Galerist! Ich muss los! Es war wieder sehr interessant, mit Ihnen zu sprechen, Signori. Bis bald!" Er legte rasch das Geld auf den Tisch, ergriff seine Tasche und verschwand.

Siggi und ich schauten uns an.

Die Götter hatten Sisyphos dazu verurteilt, unablässig einen Felsblock den Berg hinauf zu wälzen. War er oben angelangt, dann rollte der Stein von selbst wieder hinunter. Sie hatten gedacht, dass dies die fürchterlichste Strafe darstellen würde. Dem hat Albert Camus widersprochen. Er hält Sisyphos für einen glücklichen Menschen. Er verachtet nämlich die Götter. Er hat sein Schicksal angenommen. Und er zeigt seine Auflehnung bei jedem erneuten Hochrollen des Steines. Somit hat sein Leben doch wieder einen Sinn bekommen.

9. Szene

Schamane

Medea

Jason, der rechtmäßige König von Iolkos, forderte als Erwachsener von seinem Onkel Pelias, der die Herrschaft an sich gerissen hatte als Jason noch ein Kind war, den Thron ein. Pelias stellte zur Bedingung, dass Jason das Goldene Vlies aus Kolchis im Kaukasus rauben solle. Das Goldene Vlies zu rauben, war ganz unmöglich. Es wurde durch einen Drachen bewacht. Der Sage nach stammte das Goldene Vlies vom Fell eines Widders, auf dessen Rücken einst zwei Kinder aus Griechenland nach Kolchis geflohen waren. Jason durchschaute die List des Pelias nicht. Er war sofort bereit, das Goldene Vlies zu holen. Ein großes Schiff wurde gebaut, das Argo hieß und Zauberkräfte entwickeln konnte, weil in seinem Bug ein Holzstück einer Eiche des Zeusorakels eingebaut worden war. Begleitet wurde Iason von den 50 berühmtesten Helden Griechenlands, darunter Herakles (er wurde später auf einer Insel vergessen), Orpheus, Admetos, Kastor, Pollux und Theseus. Sie wurden später Argofahrer oder Argonauten genannt. Die Fahrt ging von Iolkos aus. An verschiedenen Stellen wurde gerastet. Die Fahrt wäre um ein Haar bei den Amazonen zu Ende gewesen. Keiner wollte sich von ihnen trennen. Herakles ermahnte zum Aufbruch. Die Fahrt war sehr gefährlich. Vögel, die ihre Federn als Pfeile abschossen und Felsen, die zusammenschlugen und alles zwischen sich zermalmten, mussten überwunden werden. Aber die Helden kamen in Kolchis an. Jason ging zu König Äetes und verlangte das Goldene Vlies. Äetes war dazu nicht bereit.

Er hatte sich Prüfungen für Jason ausgedacht. Zuerst den riesigen Drachen töten, dann mit feuerschnaubenden Stieren einen Acker pflügen und die Zähne des Drachen in die Furchen säen und dann die daraus wachsenden Krieger bekämpfen. All das hätte Jason niemals fertig gebracht, wenn nicht Medea, die Tochter des Königs, die Zauberkräfte besaß, sich nicht in ihn verliebt hätte und bereit gewesen wäre, alles zu tun, um Jason zu helfen. Aber der König gab trotzdem das Goldene Vlies nicht heraus. Eine Schlange bewachte nun das wertvolle Stück. Erst Orpheus konnte mit seiner Musik die Schlange ablenken, so dass Jason es schließlich rauben konnte. Medea fuhr mit Jason und den Helden zurück nach Griechenland. Die Heimfahrt war sehr beschwerlich. Über den genauen Weg wird heute immer noch gerätselt. Orpheus musste wieder um das Leben der Helden singen. Bei den Sirenen etwa. Irgendwann hatten die Verfolger aus Kolchis sie eingeholt und forderten neben dem Goldenen Vlies zusätzlich auch die Herausgabe von Medea. Aber die Argonauten konnten die Verfolger wieder abschütteln. Jason überreichte schließlich zu Hause das Goldene Vlies.

Tsangu ist Medizinmann. Seine Vorfahren sind Hopi, also Pueblo-Indianer im heutigen Arizona. Er trägt Bänder und Federn am Kopf. Auf dem langen Mantel sind Metallplättchen aufgenäht. Er spricht mit ruhiger Stimme:

„Die Natur hat viele Stimmen. Sie sind voller Leben und Stärke. Aber sie sind stumm für den weißen Mann. Wir Hopi verstehen den weißen Mann nicht. Er ist immer in Unruhe. Er sucht immer nach Dingen. Aber wir wissen nicht, was er eigentlich genau sucht. Wir sind Teil des Universums und das Universum ist ein Teil von uns. Das Universum ist überall. In unseren Häusern und in unseren Herzen."

„Unser Denken ist sehr von René Decartes geprägt", begann ich. „Er machte einen Unterschied zwischen dem Denken eines Menschen und seiner Außenwelt. Der moderne Mensch hat sich von der Natur gelöst und lebt von ihr getrennt. Er stellt sich über die Natur. Er nimmt sie in Besitz. Er will sie beherrschen. Wir beobachten und erforschen sie. Wir wollen ihre Geheimnisse verstehen", sagte ich.

„Wie unsere Vorfahren nehmen auch wir die Natur anders wahr als ihr es tut. Wir sind ein Teil der Natur. Ich bin ein Teil des Feuers, der Steine, des Wassers und der Pflanzen. Die Welt zeigt sich dem Menschen in einer umfassenden Einheit und ich bin selbst ein Teil dieser Einheit. Alle Lebewesen haben Mächte in sich, denn der große Geist wohnt in allem. In der Ameise, im Schmetterling, in einem Baum, in einer Blume und auch in einem Stein. Das Feuer kommt von der Sonne und wärmt uns. Der Dampf ist lebender Atem. Davor war er Wasser, jetzt steigt er zum Himmel auf und wird zur Wolke. Diese Dinge sind heilig. Wir sehen eine Menge Dinge, die ihr Weißen gar nicht wahrnehmt, die ihr aber vielleicht doch wahrnehmen könntet, wenn ihr nicht so sehr beschäftigt wärt."

„Wie bei den traditional lebenden Kulturen, glauben auch wir moderne Menschen am Überlieferten festhalten zu müssen. Rituale müssen auch bei uns weitgehend eingehalten werden. Es ist uns wichtig. Zum Beispiel beim Gottesdienst in der Kirche. Beim christlichen Abendmahl etwa. Es ist eine Wiederholung von Handlungen, die von unseren Vorfahren eingesetzt worden sind. Eine Handlung gewinnt durch die Wiederholung an Wirklichkeit und an Bedeutung. Wir werden dadurch in eine andere Epoche versetzt und verbinden uns mit etwas Größerem. Wir sind dann dem Alltag enthoben. Auch die Sprache spielt dabei eine besondere Rolle. Jagdrituale sind allerdings in der modernen Welt verlorengegangen."

„Wir traditionell lebende Menschen fühlen uns dem Jagdtier nahe. Wir spüren es körperlich. Es verwischt sich die Grenze zwischen dem Jäger und dem Jagdtier. Der Jäger hat Angst, dass der Geist des erlegten Tieres sich später rächen wird. Aber die noch größere Furcht ist die, dass sich die Jagdtiere aus unserem Gebiet ganz zurückziehen könnten und wir unsere Nahrungsquelle dadurch verlieren würden. Tiere werden mit Gesängen angelockt und Rituale abgehalten. Das war früher bei Euch auch so. In euren Höhlen wurden Schädel und Knochen von Bären gefunden. Die Menschen haben Bären verehrt und Feste gefeiert, bevor sie den Bären getötet haben. Das mächtige Tier sollte versöhnt werden und die Bären sollten den Weg zu den Jagdgründen des Stammes finden. Das Verhalten ist Ausdruck eines innigsten Zusammengehörigkeitsgefühl von Mensch und Tier."

Wir schweigen. Jeder dachte über das Gesagte nach. Schließlich fiel mir wieder Schrödingers Katze ein. Ich sagte daraufhin:

„Wir moderne Menschen sind nicht in der Lage, zwei verschiedene, sich ausschließende Objekte oder Zustände als identisch wahrzunehmen. Objekte haben eine fest umrissene Gestalt. Sie befinden sich zu einer bestimmten Zeit an einem bestimmten Ort. Etwas ist Mensch oder Tier. Es ist tot oder lebendig. Wir unterscheiden zwischen Körper und Seele. Wir unterscheiden zwischen Vergangenheit und Zukunft. Die Gesetze der klassischen Physik gelten weiter uneingeschränkt. Erst im letzten Jahrhundert haben wir allerdings neue Regeln entdeckt. Unser Weltbild hat sich grundlegend geändert. Die Erforschung des Atoms führte zu Erkenntnissen, die weit über die klassische

Physik Newtons hinausgehen. Zeit, Raum, Ursache und Wirkung und Energie erhielten eine andere Bedeutung als die, welche uns bisher geläufig war. Erstaunlicherweise scheint auch das Bewusstsein traditionell lebender Menschen ebenfalls anderen Regeln zu unterliegen als den uns vertrauten."

„Das ist richtig. Die Welt als Einheit und die Erfahrung, dass getrennt erscheinende Dinge doch auch zusammengehören, sind Beispiele für unser Denken."

„Die fundamentale Erkenntnis der modernen Physik, der Quantenphysik ist die, dass das Universum tatsächlich eine ganzheitliche Einheit bildet. Revolutionär ist die Erkenntnis, dass Materie nicht unbedingt nur materielle Eigenschaften aufweist. Ein wichtiger Begriff ist die sogenannte Ortsunschärfe. Der Ort der Materie kann nicht sicher angegeben werden, sondern Materie zeigt nur eine Tendenz sich dort aufzuhalten. Diese Eigenschaft hängt mit der Doppelnatur von Quantenobjekten zusammen. Sie haben gleichzeitig Teilchen- als auch Wellencharakter. Teilchen lösen sich in Wellenstrukturen auf. Körper sind Verdichtungen im Energiefeld. Sie sind mit ihrer Umgebung verbunden. Quantenphysiker sagen allerdings, dass sie in Wirklichkeit weder ein richtiges Teilchen noch eine richtige Welle darstellen. Es ist für uns moderne Menschen nicht richtig vorstellbar. Für uns ist diese Realität nicht mehr anschaulich beschreibbar. Es ist ein Sowohl-als-auch-Zustand. Ein Zustand der Nichtzweiheit. Bedauerlicherweise kann unser Bewusstsein nur ein Entweder-oder wahrnehmen. Das ungewöhnliche Verhalten der Quantenobjekte führt dazu, die Wirklichkeit nur als Potenzialität, als Sowohl-als-auch zu sehen. Wenn wir die Welt betrachten, dann ist aber die Potenzialität in die Faktizität übergegangen. Unser Bewusstsein ist nicht in der Lage, das Zusammenhängende als Ganzes zu erkennen."

„Die Tiere sind ein Teil von uns. Ihr Fleisch und Blut wird von uns aufgenommen und in uns wieder zu Fleisch und Blut. Wir können nicht sagen, wo das Tier aufhört und der Mensch beginnt. Wenn Du die Pfeife rauchst, erinnert Dich das an den Atem des Tieres, der an kalten Tagen sichtbar wird."

„Der Atomphysiker Hans Peter Dürr hat versucht, die für uns moderne Menschen schwer nachvollziehbare ganzheitliche Wirklichkeit begreifbar zu machen. Um den Übergang von einem noch offenen potentiellen Zustand zur tatsächlichen Realität zu verdeutlichen, vergleicht er den Vorgang mit dem Gerinnen von Milch. Wie jeder weiß, ist Milch eine Flüssigkeit. Nichts Festes ist in ihr. Fängt die Milch an zu gerinnen, dann bilden sich Schlieren, bis die ganze Milch geronnen ist. Es war also schon etwas in der Milch, nur in anderer Form. Was vorher ist, ist das Potentielle, das immer schon da war. Das Potentielle ist offen. Es ist ein Werden und nicht ein Sein. In der nicht geronnen Milch steckt also bereits das Werden drin. Genauso muss man sich die Welt vorstellen. Es ist ein beständiger Prozess, bei dem aus Potenzialität Realität wird. Die Potenzialität des Sowohl-als-auch, können wir moderne Menschen nur schwer verstehen. Für das Bewusstsein des traditionell lebenden Menschen ist sie aber völlig normal."

„Eure Welt ist auch für Euch selbst schwer zu verstehen, deshalb muss euer Geist Erscheinungen von Ort und Zeit in einfache Gegensatzpaare umwandeln. Nur so kommt Ihr mit Eurer Welt klar. Wir können zwei unterschiedliche Zustände als Einheit wahrnehmen. Tod oder lebendig ist gleichzeitig möglich."

„Auch bei der Zeit bestehen große Unterschiede. Die Zeit fließt für uns gleichförmig dahin. Wir haben ein starkes Interesse an der genauen Reihenfolge. Kalender, Zeitmessung und Uhren spielen eine große Rolle. Wir führen Tagebücher und beschäftigen uns mit Geschichte und Archäologie."

„Wir haben keine gleichförmig ablaufende Zeit. Die Zeit wird nach ihrer Qualität und ihren Eigenschaften bestimmt. Das Jahr regelt sich durch den Ablauf der Natur. Aussaat und Ernte spielen eine große Rolle. Begonnen hat alles in der Urzeit. Jetzt erfolgt alles in regelmäßige Zyklen. Das Wild kommt und geht. Der Mond erscheint, wächst, nimmt wieder ab und verschwindet für drei Tage. Dann beginnt alles wieder von vorne. Ganz besondere Bedeutung hat für uns der Beginn einer Phase. Der Tagesbeginn. Der zunehmende Mond. Der Jahresanfang. Eine Bedrohung geht aus vom Ende einer Phase. Die einbrechende Nacht. Der abnehmende Mond. Der Winter. Die Bedrohung ist am höchsten um Mitternacht. Zu Neumond. In der Zeit des Überganges zwischen zwei Jahreszeiten, an Sonnenwende ist der Mensch besonders gefährdet. Das ist die Zeit der unheiligen Mächte. Unglück, Krankheit oder Tod gehen um. All diese Vorstellungen haben Einfluss auf das magische Handeln. Die Welt ist voller Geister. Es sind die unsichtbaren Kräfte und Mächte. Sie machen das Tier zum Tier, den Baum zum Baum und das Werkzeug zum Werkzeug. Ohne Geist hat es keine Bedeutung. Wenn unsere Frauen einen Topf aus Ton formen, dann ist der Geist schon da, bevor der Topf fertig ist. Die Hopi besingen ihr Getreide. Keimung, Wachstum und Reifung werden durch bestimmte Rituale mit Gesang und Meditation begleitet. Die Tänzer stampfen auf den Boden und bewegen die Arme zum Himmel. Es symbolisiert, wie die Nährstoffe in die Keimlinge fließen. Durch Schütteln des Kopfes wird der Regen angezeigt. Unser Volk nimmt Einfluss auf sich ereignende Dinge."

„Physiker haben Modelle entwickelt, die Prozesse in unserem Bewusstsein und die Quantenphysik miteinander verknüpfen. Vielleicht könnten solche Modelle für das Verständnis des traditionellen Bewusstseins hilfreich sein. Wenn wir davon ausgehen, dass unser Universum ein einheitliches Ganzes ist, dann liegt es nahe, dass auch unser Körper in ständigem Kontakt mit dem Quantenfeld steht. Nicht nur alle Systeme unseres Körpers stehen mit dem Quantenfeld in Verbindung sie sind auch ständig untereinander verbunden. Wenn man Organsysteme hinsichtlich dieser Aussage überprüfen will, eignet sich das Nervensystem mit seinem Gehirn am besten. Das Gehirn ist ein Messapparat, mit dem quantenphysikalische Ereignisse sichtbar gemacht werden können. Nach dem Quantenmodell befindet sich das Gehirn in einem Quantenzustand der Potenzialität, des Sowohl-als-auch-Zustand. Viele Zustände überlagern sich. Der Messvorgang des Gehirns führt die Potenzialität in die Realität über. Jetzt nehmen wir unsere Welt war. Ist Schrödingers Katze tot oder lebendig? Der zweifache Zustand der Katze wird durch den Messvorgang des Gehirns festgelegt. Das Gehirn hat auch die Eigenschaft der Nichtlokalität, d. h. Ereignisse treten gleichzeitig ein. Wird ein Ereignis beobachtet, ist sofort das andere mitbetroffen. Sofort fallen mir Phänomene wie Telepathie ein. Im Bewusstseinszustand des Sowohl-als-auch ist die Trennung zwischen unserer Person und der Außenwelt aufgehoben. Die Welt der äußeren Erscheinungen entsteht für uns erst dadurch, dass Potenzialität zur Realität wird und sich die Dinge manifestieren. Jetzt trennen sich Objekt und Subjekt. Ihr ursprünglich Lebenden verfügt über ein höheres Maß an Potenzialität, die uns in den Industrieländern verloren gegangen ist. Wären alle Ebenen der Potenzialität möglich, dann würden wir die ganze Welt als innere Einheit erfahren, in der nichts vom anderen getrennt ist und der Mensch mit allem verbunden ist. Ihr seid in der Lage nicht nur die sichtbare Welt des Manifestierten sondern auch das Unmanifestierte oder Sichmanifestierende wahrzunehmen. Gleichzeitig bestehen auch Verbindungen über Raum und Zeit hinweg, die nicht unseren normalen Kausalitätsbeziehungen folgen. Durch die Wahrnehmung wird durch das Gehirn eine Messung vorgenommen und dadurch die unmanifestierte Potenzialität in die manifestierte Realität überführt."

„Mit Deiner Deutung wären auch die Glück und Unglück bringenden Vorzeichen erklärbar. Das Vorzeichen ist Ursache und Wirkung zugleich. Im Sowohl-als-auch-Zustand existieren dann auch keine Ursachen-Wirkung-Beziehungen. Nur eine Vielzahl von Möglichkeiten. Das unmanifestierte Vorzeichen manifestiert sich mit der Wahrnehmung. Deine Erklärung lässt auch andere Erscheinungen erklären. Die Grenze von Jäger und gejagtem Tier verwischt sich. Die Hopi sehen sich selbst und die Welt als ein geschlossenes Ganzes. Wir erleben die Welt in uns. Der moderne Mensch ist von der Welt isoliert, sie ist von ihm getrennt. Das ist der Unterschied. Wenn man die Erde verletzt, tut man sich selbst weh. Alles muss im Gleichgewicht sein, sonst kommen das Unglück und das Leid. Manche Menschen besitzen die Gabe, dass sie eine besonders enge Verbindung zu anderen Menschen herstellen können. Das sind Medizinfrauen und Medizinmänner. Sie empfinden selber die wunde Stelle der erkrankten Person. Der Raum ist aufgehoben, die Zeit fließt nicht kontinuierlich dahin. In diesem Zustand sind auch die Verstorbenen präsent. Wenn die Zeit aufgehoben ist, gibt es auch keine Zukunft. Zukünftiges ist vom Gegenwärtigen nicht zu trennen. Gibt es keinen kontinuierlichen Ablauf, dann kann auch nicht zwischen Ursache und Wirkung unterschieden werden. Da wir mit allem verbunden sind, besteht die Möglichkeit einzugreifen. Es ist der Versuch, auf das Sich manifestierende Einfluss zunehmen, bevor sich die Dinge manifestiert haben."

Wir geben uns die Hände und verabschieden uns. Er verneigt sich, streicht über meinen rechten Unterarm und legt dann seine rechte Hand auf sein Herz.

Medea war eine Schamanin. Sie verfügte über Kenntnisse, die in ihrem Herkunftsland hochgeschätzt wurden. Das war auch der Grund, warum sie zurückgefordert wurde. In Korinth, der Weltstadt, war alles anders. Die Gesellschaft war ihr fremd und sie isolierte sich zunehmend von ihr. Die Geschichte endete tragisch.

10. Szene

Gedächtnis

Ödipus

Ödipus wurde als Kleinkind von seinen Eltern einem Hirten übergeben, der ihn im Gebirge aussetzen sollte. Das Orakel von Delphi hatte nämlich vorausgesagt, dass der Vater, König Laios von Theben, einmal von seinem eigenen Sohn getötet werde und der Sohn werde danach seine eigene Mutter Iokaste heiraten. Auf Laios lag ein Fluch, denn er hatte einst eine Gastfreundschaft missbraucht. Der Hirte hatte aber Mitleid mit dem Baby und übergab es einem Kollegen, der gerade nach Korinth mit seiner Herde unterwegs war. Das Kind war außerdem an den Füßen verletzt worden, sie waren stark geschwollen. Der Kleine kam schließlich an den Königshof nach Korinth, wurde dort von der Königsfamilie adoptiert und wieder gesund gepflegt. Der Junge wuchs am Hofe auf, er wusste nichts über seine Herkunft. Anlässlich eines feuchtfröhlichen Festes gab ein Gast von sich, dass Ödipus ja gar nicht der leibliche Sohn des Königspaares sei. Ödipus war beunruhigt. Seine Eltern gaben nur ausweichende Antworten. Deshalb beschloss Ödipus, das Orakel in Delphi zu befragen. Das Orakel weigerte sich, seine Herkunft zu nennen, bestätigte aber, dass er seinen Vater töten und seine Mutter heiraten werde. Ödipus war entsetzt. Er floh, denn er würde niemals seinen Eltern in Korinth etwas antun. Wie ein Verrückter raste er mit seinem Wagen davon. Plötzlich wurde der Weg schmal und es kam ihm ein anderes Fahrzeug entgegen. Ausweichen konnte er nicht mehr, denn beidseits waren hohe Felswände. Beide Fahrzeuge standen sich plötzlich genau gegenüber. Der Fahrer des anderen Wagens brüllte ihn an, er solle sofort Platz zu machen und durchbohrte dann mit seinem Speer eines seiner beiden Pferde. Das Pferd brach sofort tot zusammen. Ödipus verlor die Beherrschung. Rasend vor Wut tötete er den Fahrer und den Insassen im Wagen. Ödipus wusste nicht, dass er soeben seinen leiblichen Vater getötet hatte, der im Wagen saß. Somit hatte sich der erste Teil der Vorhersage des Orakels erfüllt. Ödipus kam schließlich nach einigen Irrfahrten nach Theben. Dort war jetzt Kreon König, der Bruder von Iokaste. Die Stadt litt damals unter einem Ungeheuer, einer Sphinx, die Reisenden auflauerte. Sie stellte Rätselfragen. Wer diese nicht beantworten konnte, wurde getötet. Kreon war inzwischen sogar bereit, seinen Thron und seine Schwester Iokaste demjenigen zu geben, der das Ungeheuer besiegte. Auch Ödipus musste ein Rätsel lösen. Es lautete: „Was geht morgens auf vier Beinen, mittags auf zwei und abends auf drei?" Ödipus antwortete: „Es ist der Mensch. Als Baby krabbelt er auf allen Vieren, als Erwachsener geht er auf 2 Beinen und als Greis stützt er sich auf einen Stock." Brüllend stürzte sich die Sphinx von einem Felsen und die Stadt war befreit. Ödipus wurde König und heiratete Iokaste, seine leibliche Mutter. Sie bekamen vier Kinder. Auch der zweite Teil der Vorhersage war also eingetreten. Nach vielen glücklichen Jahren brach in Theben dann eine Seuche aus. Wieder schaltete sich das Orakel von Delphi ein und verkündete, dass der Mörder des Laios gefunden werden müsse, damit die Seuche beendet werde. Ödipus leitete nun eine Untersuchung des Falles ein. Da die Todesursache nicht geklärt werden konnte, wurde der blinde Seher Teiresias einbestellt. Dieser zögerte zunächst mit der Wahrheit. Zug um Zug erfuhr Ödipus schließlich die ganze Wahrheit. Eine Welt brach zusammen. Iokaste beging Selbstmord. Ödipus stach sich die Augen aus. Kreon übernahm wieder die Regierungsgeschäfte und die Erziehung der Kinder. Letztendlich ist an den Sprüchen der Götter nicht zu rütteln.

Siggi und ich kamen von einem guten Essen. Das Lokal lag in halber Höhe zum Talkessel. Siggi hatte Geburtstag. Das Essen war köstlich, ebenso die Getränke. Der Wirt, den viele auch aus dem Fernsehen kannten, stand mehrmals am Tisch, und wir lobten sehr das Essen. Die Stimmung war fröhlich. Jetzt waren wir auf dem Weg ins o.T. Ein Cocktail als Nachtisch konnte nicht schaden.

„Du, sagte Siggi, ich habe heute Abend den Jurmala eingeladen."

„Kenne ich ihn?" fragte ich.

„Wahrscheinlich nicht. Ich habe ihn über meine Exfrau kennengelernt. Er ist Hirnforscher und kennt sich gut mit Quantenphysik aus. Er kann Dir sagen, wie Dein Gehirn funktioniert. Hattest Du nicht kürzlich auch ein Gespräch mit Tsangu, dem Schamanen?"

„Ja", sagte ich, aber ich hatte gerade keine Lust weiter zu erzählen. Dino winkte uns zu. Wir setzten uns etwas abseits an einen Tisch und jeder bestellte einen Grasshopper. Dies ist ein Cocktail, der nach dem Essen getrunken wird. Es ist ein süßer Cocktail mit Minzegeschmack und hat eine grüne Farbe. Angeblich in New Orleans erfunden, wurde er bereits vor dem Alkoholverbot von 1920 in den USA getrunken. Dieser Cocktail besteht aus grünem Minzelikör, hellem Cacaolikör und Sahne. Er wird mit Eis geschüttelt, dann in eine Cocktailschale abgegossen und mit einem Minzeblatt dekoriert.

Dann erschien Professor Jurmala. Ein drahtiger hochgewachsener Mann mit freundlichem Gesicht stand vor uns. Siggi stellte mich vor und bot ihm einen Platz an. Er bestellte sich einen

Cappuccino. Siggi ging gleich zur Sache. Berichtete über mein Interesse für Quantenphysik. Außerdem sei ich ja vom Fach, in der Medizin tätig und würde sicherlich alles gut verstehen. Er, Siggi, dagegen habe da wenig Ahnung, aber Quantenphysik sei sein Forschungsgebiet. Er komme ja von der Uni, und er habe jetzt im Konzern mit quantenphysikalischen Themen zu tun. Jurmala lächelte und lehnte sich dann zurück.

„In den Organismen sind Quanteneffekte lebensnotwendig, um den Prozess des Lebens aufrechtzuerhalten. Denken Sie an die atemberaubende Zahl von chemischen und physikalischen Reaktionen, die sich im Organismus abspielen. Die relativ langsame biochemische Signalübertragung schafft das alleine nicht. Wir brauchen die Quantenphysik zur Kommunikation der Zellen untereinander. Durch Quanteneffekte erzeugen die Zellen ein zusammenhängendes Informationsfeld im ganzen Körper. Ich nenne es gerne Biofeld. Das Besondere ist, dass sich dieses Biofeld nicht nur auf die Grenzen des Organismus beschränkt. Es dehnt sich auch auf die Umwelt aus. Durch dieses Biofeld kommuniziert der Organismus mit anderen Feldern, die ihn umgeben. Es besteht ein Kontakt mit der gesamten Sphäre des Kosmos. Wir unterschlagen gerne diese Effekte. Traditionell lebende Völker, vor allem deren Medizinleute, aber auch Propheten und spirituelle Führer kannten diese Zusammenhänge und benutzten sie bewusst im Umgang mit ihren Mitmenschen. Wir alle empfangen täglich übersinnliche Informationen. Unser Gehirn ist die Mess-Station für Quanteneffekte. Dort findet eine beinahe zeitgleiche und multidimensionale Informationsverarbeitung statt. Ein wichtiges Prinzip dabei ist die sogenannte Nichtlokalität. In unserer modernen Welt tut man ja immer noch so, als ob sich physikalische Effekte mit begrenzter Geschwindigkeit fortpflanzen, sich immer mehr vermindern und schließlich verschwinden. Gleichzeitig wird angenommen, dass alle Dinge in der realen Welt Werte und Eigenschaften besitzen, die ihnen ständig innewohnen. Es wird nicht erkannt, dass sie durch ihre Beziehungen oder durch Beobachtung erst erzeugt werden."

„Was ich nicht richtig verstehe, ist, wie diese Informationen in der Natur gespeichert werden?" bemerkte ich.

„In der Natur existiert ein universelles Informations- und Gedächtnisfeld. Wir nennen es Quantenfeld. Andere sagen Nullpunktfeld, Akashafeld oder Einheitsfeld dazu. In diesem Feld wird die Information holografisch aufgezeichnet, gespeichert und übertragen. Über Quantenprozesse werden Wellenmuster erzeugt. Sie sind nicht ortsgebunden. Das Quantenfeld ist ein Feld der Quantenhologramme, ein supraleitendes kosmisches Medium."

„Und was macht das Gehirn damit?" fragte Siggi.

„Es gibt Hinweise, dass das menschliche Gehirn Informationen mit den Hologrammen der umgebenden Felder austauschen kann. Rezeptoren und Gedächtnisfunktionen des Gehirns arbeiten über Quantenholografie. Die Übertragung ist eine Art Resonanz zwischen den holografischen Rezeptoren des Gehirns mit den Wellenfronten eines Hologramms im Quantenfeld."

„An welchen Strukturen des Gehirns erfolgt die Verbindung?" fragte Siggi weiter.

„Die physiologischen Strukturen im Gehirn, die Quanteninformationen empfangen und verarbeiten, sind Netzwerke aus Eiweißen. Wir nennen sie Mikrotubuli. Dieses Netzwerk ist viel feiner gesponnen als das neuronale Netzwerk. Es hat nicht nur Strukturfunktion sondern übermittelt Signale. Das würde also bedeuten, dass wir zwei Arten von Wahrnehmung haben. Zum einen die gewöhnliche Sinneswahrnehmung mit unseren fünf Sinnen, wie riechen, schmecken, sehen, hören oder tasten, zum anderen die übersinnliche, intuitive oder ortsungebundene Wahrnehmung."

„Wenn alle Dinge Wellen im Quantenfeld erzeugen und aus den Wellen dann Quantenhologramme entstehen, dann könnte unser Gehirn Informationen über alle Dinge und Ereignisse im Universum erhalten?" sagte ich etwas ungläubig.

„Theoretisch schon. Aber es gibt Hierarchien des Zugangs zu den Informationenspeichern im Quantenfeld. Wir bekommen nicht alles auf einmal. Wir geben einen Code ein und dafür gibt es eine bestimmte Information. Wenn unsere Mikrotubuli mit dem Quantenhologramm im Quantenfeld in Übereinstimmung gebracht worden sind, dann ist der Zugang möglich. Gehirn und Hologramm treten in eine Art Resonanz. Bei den verschiedenen Zugangsstufen ist interessant, dass das Gehirn am ehesten in der Lage ist, in eine Quantenresonanz mit einem Hologramm einzutreten, wenn dieses Hologramm vom Gehirn selbst erzeugt wurde. Dies ist der am häufigsten benutzte Zugang. Informationen aus dem Hologramm des eigenen Gehirns zu bekommen, ist nichts anderes als die Spuren zu betreten, die es im Feld hinterlassen hat. Auf diese Weise funktioniert das Langzeitgedächtnis. Ungeheure Mengen an Informationen können so abgespeichert werden. Bei Nah-Tod-Erfahrungen haben Menschen raschen Zugang zu riesigen Datenmengen, nämlich zu ihren eigenen. Etwas schwieriger ist es, die Hologramme anderer Menschen zu betreten. Erleichtert wird eine körperliche oder emotionale Verbindung. Zwillinge oder Liebespaare. Beide Gehirne treten in eine Resonanz mit ihren

Quantenhologrammen. Dadurch können Elemente oder Bereiche des Bewusstseins des anderen wahrgenommen werden. Sie kommunizieren über das Quantenfeld. Auch mehrere Menschen können auf diese Weise miteinander in Kontakt treten. Wir alle kennen das Verhalten von Gruppen, die gemeinsam denken und handeln. Fernheilungen funktionieren ebenso.

„Sie erwähnten das Stichwort Nah-Tod-Erfahrung. Was bedeutet das?" fragte ich.

„Bei Nah-Tod-Erfahrungen ist das Gehirn vorübergehend unfähig zu arbeiten. Dennoch können bewusste Wahrnehmungen stattfinden. Die Patienten sind nach dem Ereignis in der Lage, detailliert das Geschehen zu berichten. Es stimmt mit den Beobachtungen anderer Menschen überein. Diese Dinge sind für uns moderne Menschen sehr rätselhaft, nicht aber für Menschen aus traditionellen Kulturen."

„Können wir über diese Erkenntnisse auch die Begriffe „Instinkt" und „Reinkarnation" erklären?" fragte ich

„Auf den ersten Blick sind beide Begriffe unterschiedliche Phänomene. Instinkt gehört in den Bereich der Wissenschaft und Reinkarnation zur Esoterik. Das eine wird in Verbindung mit Tieren gebracht, das andere ist ein Phänomen beim Menschen. Beim Instinkt findet man in der Literatur überwiegend Beschreibungen. Erklärungen sind dürftig. Lernen durch Versuch und Irrtum sowie genetische Informationen werden zugrunde gelegt. Beide Erklärungsversuche sind nicht überzeugend. Tiere scheinen zu wissen, wie sie Netze spinnen müssen, um ihre Beute zu fangen. Sie scheinen zu wissen, wie sie sich bei großen Entfernungen orientieren müssen, um aus den Überwinterungsgebieten wieder in ihre Heimat zu kommen. Schon kurz nach der Geburt wissen sie, wie sie sich vor Raubtieren schützen müssen. Die Fluchtreaktion läuft allerdings sehr schnell ab, und sie verlieren dabei nicht die Orientierung. Es erscheint unmöglich, dass das eine Folge von Erfahrung sein könnte. Wenn das so wäre, dann wären viele Tierarten bereits ausgestorben. Gänzlich unwahrscheinlich ist, dass instinktives Verhalten in genetischer Information verschlüsselt ist.

Reinkarnation? Menschen, vor allem Kinder, aber auch Erwachsene erinnern sich an Orte oder Ereignisse, die sie in ihrem jetzigen Leben bisher nicht erfahren haben. Daher nimmt man an, dass sie diese Erfahrungen in einem früheren Leben gemacht haben. Sie werden dann zu einer anderen Person und nehmen eine andere Sprache oder einen anderen Tonfall in der Stimme an.

Instinkt bei Tieren und Erfahrungen aus früheren Leben beim Menschen haben dieselbe Wurzel. Es sind Informationen aus dem Quantenfeld, die das Gehirn angeboten bekommt. Bei Tieren verändert es ihr Verhalten. Beim modernen Menschen werden diese Informationen normalerweise unterdrückt. Der traditionell lebende Mensch lässt sie aber zu. Für Tiere haben diese Informationen große Vorteile. Sie müssen nicht mehr nach Versuch und Irrtum Dinge wiederholen, die ihre Vorfahren bereits konnten. Sie haben Zugriff auf diesen Erfahrungsschatz. Wir moderne Menschen haben es da viel schwerer. Unter normalen Bedingungen sind wir nicht mehr in der Lage, auf diese Informationen zurückzugreifen. Das Gehirn von Kindern kann es noch am ehesten."

Wir saßen noch lange im o.T. Professor Jurmala wusste viele geheimnisvolle Dinge zu erzählen. Nie im Leben hätte ich gedacht, dass Physik so aufregend sein konnte.

Erst der Versuch, dem vorbestimmten Schicksal zu entgehen, führte zum Unglück. Der Haupttäter der Geschichte war nicht Ödipus, sondern sein leiblicher Vater Laios. Er wollte schließlich seinen Sohn umbringen.

Dieses mythologische Ereignis ist inzwischen mehrere tausend Jahre alt. Es hat seither nichts von seiner Tragik verloren. Im Laufe der Zeit haben sich viele Menschen mit den damaligen Ereignissen beschäftigt und immer neue Aspekte der Handlung herausgearbeitet. In der Neuzeit war dies besonders Siegmund Freud. Ödipus ist dadurch unsterblich geworden.

11. Szene

Nullpunktenergie

Brahma

In der alten hinduistischen Mythologie gibt es den obersten Gott Prajapati, den Herrn des Universums. Er existierte vor allem anderen. Prajapati lässt Brahma, den Schöpfergott, entstehen. Brahma ist der Name eines der Hauptgötter im Hinduismus. Die weiteren Hauptgötter sind Vishnu (Bewahrer) und Shiva (Zerstörer), mit diesen beiden bildet Brahma die Dreieinigkeit, Trimurti, der obersten Götter. In den späteren Mythen verschmilzt Prajapati mit Brahma. Brahma gilt als der erste Gott im Hinduismus, als erstes Lebewesen auf der Erde. Er wird als der Schöpfer angesehen und mit vier Köpfen und vier Armen dargestellt, die in alle vier Himmelsrichtungen zeigen. Jedem Gott wird ein Tier zugeordnet. Bei Brahma ist es die Gans Hamsa.

Prajapati, der Weltschöpfer, meditierte. Dabei erschien ein Same in seinem Nabel. Daraus wuchs eine Lotuspflanze, die in helles Licht eingetaucht war. Aus diesem Licht wurde Brahma geboren. Das Licht breitete sich im Kosmos aus und mit ihm Brahma. Brahma wurde zum Träger aller Dinge und deren Kräfte. Brahma wurde auch zum Träger der Zeit. Wenn die Zeit vergangen ist, wird der Kreislauf der Schöpfung von neuem beginnen und ein neues kosmisches Zeitalter anbrechen.

Gianfranco Moretti saß auf der Terrasse des o.T. und blätterte in einem Kunstkatalog als Siggi und ich auf seinen Tisch zugingen. Er blickte auf und strahlte uns an. „Buona sera! Schön Sie zu sehen. Wollen Sie sich zu mir setzen? Hier ist Platz genug! Wir hatten doch ein gutes Gespräch vor einiger Zeit."

Ich schaute Siggi an und wir nickten uns zu. „Danke, gerne", sagte ich und wir setzten uns an den Tisch. Dort lag sein Kunstkatalog. Er selbst war auf der Vorderseite abgebildet.

„Ganz neu, gerade beim Drucker abgeholt", sagte er fröhlich. „Natürlich könnten manche Farben etwas intensiver sein. Aber es ist o.k. so. „Poetik des Raumes" ist der Titel."

Ich dachte an Gaston Bachelard, den französischen Philosophen. Eines seiner Werke trug denselben Titel. Sein Interesse galt poetischen Bildern, die den Lesern eines Gedichts oder eines Romans nicht mehr loslassen. Er war zunächst Postangestellter und am Ende seines Lebens Philosophieprofessor an der Pariser Sorbonne.

„Ich habe den Titel bewusst so gewählt. Ich verehre diesen französischen Philosophen. Wissenschaft entwickelt sich aus der Alltagserfahrung. Sie korrigiert Irrtümer, sie stellt frühere Theorien in Frage und überwindet Widersprüche. Mit seinem Raumbegriff lieferte er einen wichtigen Beitrag zur Philosophie des erlebten Raumes. Ein zu großer Raum beunruhigt uns und überfordert uns. Wir verlieren uns in ihm."

„Wie der Kosmos", sagte ich. „Ihre Ansichten über das Quantenfeld haben mich sehr beeindruckt. Der Raum kann frei von Materie sein, aber er ist niemals frei von Energie. Die Energie ist selbst am absoluten Nullpunkt der Temperatur noch aktiv, daher die Bezeichnung Nullpunktenergie. Das dazugehörige

Feld wird als Nullpunktfeld bezeichnet. Wie könnte man diese Nullpunktenergie nutzbar machen?"

Siggi schaltete sich ein: „Die moderne Physik zeigt die Möglichkeit auf, dass Energie direkt aus dem Gefüge des Raumes erzeugt werden kann. Als ich Physik studierte, lernte ich, dass der völlig leere Raum mit einer fluktuierenden Energie ausgefüllt sei. Schon damals habe ich mich gefragt, ob es diese Energie wirklich gibt und ob wir sie als Energiequelle nutzen könnten. Ich habe danach mit vielen Wissenschaftlern darüber gesprochen. Die meisten glaubten nicht, dass eine solche Energie existiert. Einige, denen diese Energie bekannt war, gaben zu bedenken, dass es nach den physikalischen Gesetzen nicht möglich sei, an diese Energie zu kommen. Ich habe weiter geforscht und entdeckt, dass Ilya Prigogine nachweisen konnte, dass aus einer chaotischen Bewegung ein geordnetes System entstehen kann. Es muss also möglich sein, diese Nullpunktenergie zu nutzen. Der Schlüssel hierzu ist die Beobachtung, dass sich Materie und die Nullpunktenergie gegenseitig beeinflussen. Normalerweise ist ja die Bewegung der Nullpunktenergie willkürlich und inkohärent. Die Nullpunktenergie ist überall. Ihre Aufdeckung erfordert deshalb die Messung einer Energiedifferenz."

Moretti hatte aufmerksam zugehört.

„Es gibt sogar in der Natur ein Beispiel, wie aus einem Chaos Ordnung entstehen kann. Die Kugelblitze. Es sind glühende Feuerbälle, die manchmal bei Gewittern erzeugt werden. Das Besondere daran ist die Dauer der Erscheinung, denn die meisten Entladungen vergehen ziemlich schnell, aber Kugelblitze können mehrere Sekunden anhalten. Auch ihr Verhalten ist seltsam. Sie können durch geschlossene Fenster eintreten und sie wandern Kamine hinunter. Es gibt sogar eine Schilderung über ein Flugzeug. Dort ist ein Kugelblitz durch das Cockpit eingedrungen, den Rumpf entlang gewandert und hat das Flugzeug am hinteren Ende wieder verlassen. Diese Phänomene müssen weiter erforscht werden. In der Zwischenzeit lassen sich, so habe ich gehört, Kugelblitze auch im Labor erzeugen."

„Die Frage ist, kann die Nullpunktenergie einen Kugelblitz hervorbringen?" warf Siggi ein.

„Es gibt Beweise, dass es sich bei der Nullpunktenergie um kein passives System handelt, sondern dass sie tatsächlich durch einen Energiefluss zustande kommt, der aus höheren Dimensionen senkrecht durch unseren Raum verläuft", berichtet Moretti. „Wenn dieser Fluss vibriert, erzeugt er elektrische Felder in unserem Raum. Das Vakuum ist kein passives System, sondern ein potentiell aktives."

„Angenommen, unsere Umgebung enthält tatsächlich diese riesigen Mengen hochfrequenter Energie. Weshalb können unsere gewöhnlichen Detektoren diese nicht aufdecken?" fragte ich.

„Es liegt daran, dass sich unsere Detektoren in einem thermodynamischen Gleichgewicht mit der Umgebung befinden. Der größte Teil der Energie, die absorbiert wird, wird wieder in die Umgebung zurückgestrahlt, meist als Wärmestrahlung, berichtet Moretti. Neuere Detektionssysteme sind in Entwicklung."

„Wie sieht es mit den Selbststrukturierungs-Systemen aus? Ich habe darüber gelesen. Gibt es so etwas wirklich?", fragte ich weiter.

„Die vereinfachte Ansicht, dass ein willkürliches chaotisches System immer ein chaotisches System bleibt, wie es der zweite

Hauptsatz der Thermodynamik behauptet, kann nicht weiter aufrechterhalten werden. Ilya Prigogine hat ja herausgefunden, unter welchen Bedingungen ein System aus einem chaotischen in einen geordneten und strukturierten Zustand übergehen kann. Dafür hat er ja den Nobelpreis bekommen. Dieses System darf erstens nicht linear sein, es muss sich außerdem weit von einem Gleichgewichtszustand befinden und es muss ein Energiefluss bestehen. Ein nichtlineares System ist ein solches, durch dessen Reaktion auf eine Reihe von Impulsen ein neuer, überraschender Zustand erzeugt werden kann. Es geht über die Summe der Einzelkomponenten hinaus. Aus dieser Perspektive erfüllt die Nullpunktenergie die Bedingungen für eine Selbststrukturierung. Sie ist in ihren Wechselwirkungen mit der Materie nichtlinear, weit entfernt von einem Gleichgewichtszustand und sie wird durch einen Fluss elektrischer Energie aufrechterhalten. Die Nullpunktenergie stellt die erste Stufe einer Strukturierung dar und erlaubt, dass Phänomene in nichtlokaler Weise durch einen höherdimensionierten Raum miteinander verbunden werden."

Jetzt kam endlich Dino an den Tisch und blickte uns mit kleinen, müden Augen an. „Tut mir leid, dass ich Euch so lange auf dem Trockenen gelassen habe. Wir sind gerade dabei neues Personal einzustellen für die Weinlauben in vier Wochen. Aber wo sollen denn die Leute herkommen in dieser Jahreszeit, jetzt hat doch jeder schon einen Job. Was darf ich Euch denn bringen?" „Kannst Du uns was empfehlen"? „Probiert doch mal einen Gimlet. Es ist heiß, ihr sitzt auf der Terrasse. Da passt ein Gimlet sehr gut, o. k.?". Wir nickten.

Ausnahmsweise war Gimlet kein Lieblingsgetränk von Ernest Hemingway. Der Erfinder war ein englischer Marinearzt mit Namen Gimlette, der eine Mischung aus Gin und Limettensaft gegen Skorbut einsetzte. In dem Roman von Raymond Chandler „Der lange Abschied" wird Gimlet getrunken und heftig über das Mischungsverhältnis von Gin und Limettensaft gestritten. Die Hauptfigur des Romans, Philip Marlowe, legte Wert auf ein Mischungsverhältnis von 1:1. Der Drink wird trockener wenn mehr Gin genommen wird. Es sollten auch keine frischen Säfte benutzt werden. Sie schaden dem Drink. Empfohlen wird Rose`s Lime Juice.

„Viele Wissenschaftler glauben, dass die Nullpunktenergie nicht genutzt werden kann", schaltete sich Moretti wieder ein. Vielleicht hängt dies mit unseren Vorstellungen über die drei physikalischen Raumdimensionen zusammen. Nach Euklid gibt es ja nur Länge, Breite und Höhe, die sich in der Zeit bewegen. Möglicherweise ist dies nur ein künstliches Gebilde unseres Bewusstseins. Die östlichen Religionen haben immer schon behauptet, dass unsere dreidimensionale Welt eine Illusion darstelle. Die Quantenphysik kommt zum gleichen Ergebnis. Die Experimente der Quantenphysik haben gezeigt, dass viele Dinge vorhanden sind, die nicht ohne weiteres aus einem dreidimensionalen Standpunkt erklärt werden können."

„Angenommen wir postulieren eine vierte zusätzliche Dimension zu den bekannten drei. Dann lassen sich einige Fragen der modernen Physik lösen." Siggi sprach mit ernstem Gesicht. „Dann könnte doch die Nullpunktenergie in senkrechter Richtung durch den dreidimensionalen Raum fließen."

„Hier ist auch Everetts „Mehrfachweltinterpretationen" angesiedelt", fügte Moretti an. „Eine unendliche Anzahl paralleler, dreidimensionaler Universen sind gleichzeitig vorhanden. Was wir als unser Universum wahrnehmen, ist nur eine ständige, dreidimensionale Projektion, welche von unserem Bewusstsein wahrgenommen wird. Es wird das Universum gewählt, das am besten zu uns passt. Durch dieses Modell könnten alltägliche Erscheinungen, wie z. B. positives Denken, Affirmationen oder Visualisierungen, bei denen ein bewusster Wille vorhanden, und die gleichzeitig von starken Gefühlen begleitet sind, erklärt werden. Das Stichwort heißt: Ich suche mir mein Universum!"

„Wenn es ein System gibt, das sich aus einem chaotischen in einen geordneten und strukturierten Zustand überführen lässt", sagte ich, „das außerdem nichtlinear ist und sich weit vom Gleichgewicht befindet und einen Energiefluss besitzt, dann müsste es möglich sein, die Nullpunktenergie als Energiequelle zu nutzen. Warum wird dies so vehement bestritten?"

„Du musst verstehen lernen, dass die Menschheit jede Erfindung ablehnt, welche die bestehende Ordnung verletzt", erläuterte Siggi. „Das hat keine persönlichen Gründe und war zu allen Zeiten so. Was dann letztlich doch zu einer Veränderung führt, ist die Schaffung eines wiederholbaren Experiments. Eine Wiederholung dieses Experiments ist von fundamentaler Bedeutung, denn falls die Ergebnisse nicht vom größten Teil der Wissenschaftler bezeugt werden können, wird das Experiment ignoriert. Das Experiment muss auch einfach sein, weil am Anfang kein Geld vorhanden ist, um das Experiment durchzuführen, welches das bestehende Paradigma verletzt. Aber es gab immer schon Wissenschaftler, meist junge Leute, die mit einer unbekümmerten Einstellung, den Versuch unternommen haben, das Experiment durchzuführen und den Paradigmenwechsel einzuleiten. Man könnte diesen Vorgang mit Prometheus im antiken Griechenland verglichen. Er hatte den Menschen das Feuer gebracht und wurde deshalb von den Göttern bestraft. Er wurde an einen Felsen angekettet und ein Adler fraß an seiner Leber, die sich nachts wieder regenerierte.

Herakles hat ihn befreit. Er tötete den Adler. Ein Erfinder, der glaubt, er könne die Nutzbarmachung der Nullpunktenergie beweisen, wird sicherlich zur Schachfigur in einem Spiel. Er wird zunächst lächerlich gemacht werden. Dieser Zustand kann nur dadurch überwunden werden, dass der Erfinder von seinem Experiment überzeugt ist und bereit ist für die Wissenschaft zu kämpfen. Er wird dadurch zum Meisterspieler. Er handelt völlig frei und niemand kann ihm sein Wissen wieder stehlen. Wenn sich das Paradigma ändert, wird plötzlich genügend Geld zur Verfügung stehen, um alles weiter zu entwickeln."

Später verabschiedeten wir uns. Moretti schenkte jedem von uns ein Exemplar seines neuen Katalogs. Die Sonne war schon am Untergehen.

Brahma hat immer mehr an Bedeutung verloren. Seine Gefährtin Sarasvati ist die Göttin der Kunst und des Wissens. Sie wird inzwischen viel häufiger verehrt als Brahma selbst.

Brahma, der Schöpfer, überbrachte die Energie aus dem Kosmos. So entstand die Welt.

12. Szene

Nah-Tod-Erfahrung

Shiva

Shiva ist der zweite Gott der hinduistischen Dreieinigkeit. Er ist der „Zerstörer". Seine destruktive Kraft wird durch seine Schöpferkraft wieder ausgeglichen. Seine Rolle besteht sowohl im Erhalt als auch in der Zerstörung der Welt. Shivas Tanz „Tandava" ist ein wilder Tanz, und dieser Tanz ist die Quelle des Zyklus aus Schöpfung, Erhaltung und Auflösung. Wenn Shivas Tanz aufhört, dann geht die Welt unter, aber Shivas Tanz wird nie aufhören, also wird die Welt auch nie untergehen. Daher ist Shiva das Symbol des zyklischen Zeitverständnisses gläubiger Hindus. Shiva ist schwer bewaffnet. Im Kampf mit Dämonen forderte Shiva zusätzlich die Kräfte anderer Götter. Nach dem Sieg gab er aber die Kräfte nicht mehr zurück und wurde dadurch zum stärksten Gott. Der Stier Nandi ist sein treuer Begleiter. Shiva ist jähzornig. Er schlug einen von Brahmas Köpfen ab und wurde deshalb aus dem Himmel verbannt. Er wurde nicht eingeladen zum Verlobungsfest von Sati, der Enkelin Brahmas. Er kam trotzdem. Als sie aufgefordert wurde, eine Girlande zu werfen, um aus den versammelten Göttern einen Ehemann zu wählen, fing Shiva die Girlande auf. Beide haben geheiratet. Immer wieder gab es Streit. Irgendwann kam es zur Katastrophe. Sati tötete sich selbst und Shiva ermordete daraufhin seinen Schwiegervater Daksha. Sati wurde wiedergeboren. Auch Daksha sollte wieder zurück ins Leben. Shiva hatte auch ihm den Kopf abgeschlagen. Der Kopf war aber inzwischen von Dämonen geraubt worden. Er nahm stattdessen den Kopf einer Ziege. Diese Tat trug aber nicht dazu bei, beide Götterhäuser wieder zu versöhnen.

Ich habe mich mit Professor Jurmala verabredet. Wir treffen uns im Jazzclub BIX. Heute Abend wird John Coltrane gespielt. Die Lounge ist im ersten Stock. Wir nehmen Platz in bequemen Ledersesseln. Im Hintergrund spielt „Blue Train". Coltrane war einer der bedeutendsten Saxophonisten der Geschichte und ein Erneuerer des Jazz. Coltrane war der Name einer weißen schottisch stämmigen Familie, die den Nachnamen an ihre damaligen Sklaven in North Carolina weitergegeben hatte. Seine Familie war sehr musikalisch, sein Vater spielte mehrere Instrumente. Große Bedeutung hatte die methodistische Gemeinde. Mit 12 Jahren bekam er eine Klarinette geschenkt und erhielt klassischen Musikunterricht. Sein Vater, der in einer Wäscherei gearbeitet hatte, starb früh. Nur mit großer Mühe konnte die Mutter danach das Geld für die Musikschule aufbringen.

Professor Jurmala hat angeboten, mir mehr Informationen über das Phänomen der Nah-Tod-Erfahrung zu geben. Einer meiner Patienten hatte in der Klinik ein solches Erlebnis. Nach einem Herzstillstand wurde eine Reanimation, eine Wiederbelebung, eingeleitet. Er war bewusstlos gewesen und doch konnte er von außen beobachten, wie die Mannschaft der Intensivstation versuchte, ihn am Lebe zu halten. Es war aufregend gewesen, sich selbst im Bett liegen zu sehen und zuzuschauen, wie sich alle abmühten. Er hatte sich frei und entspannt gefühlt. Alles war bunt und in ein helles Licht eingetaucht. Eine Gestalt war erschienen und hatte ihm die Hand gereicht. Plötzlich wurde seine Hand wieder losgelassen und er spürte einen leichten

Schlag auf der Wange. Er war wieder im Leben angekommen. Das Personal war erleichtert, aber er wäre gerne noch in dieser anderen Welt geblieben.

„Eine Nah-Tod-Erfahrung ist ein besonderer Bewusstseinszustand, der auftritt, während sich der Körper in einem lebensbedrohlichen Zustand befindet und der Mensch bewustlos ist. Der Mensch befindet sich am Übergang vom Leben zum Tod. Nah-Tod-Erfahrungen nehmen zu, weil die moderne Medizin bessere Überlebenschancen durch neue Techniken der Reanimation ermöglicht. Die Patienten berichtet von Eindrücken wie Frieden und Glück. Sie sehen einen Tunnel, manchmal auch bereits verstorbene Angehörige oder eine Revue ihres bisherigen Lebens. Eine Befragung der Bevölkerung hat ergeben, dass etwa 5% bereits eine Nah-Tod-Erfahrung hatte. Die Häufigkeit ist nicht vom Bildungsgrad, Familienstand, Beruf, vom sozio-ökonomischen Status oder vom religiösen Hintergrund abhängig. Im Alter nimmt sie ab, Frauen haben diese Erlebnisse häufiger als Männer."

Der Barkeeper, Giovanni, kam an den Tisch und fragte, was wir trinken möchten. Ich bestellte einen Whisky Sour, Jurmala nahm einen Manhattan. Der Manhattan wird normalerweise aus kanadischem Whisky zubereitet, dazu kommen noch Vermouth und Angostura. Manhattan wird gerne vor einem Essen getrunken. Angostura ist ein Bitter, der verschiedene Kräuter enthält. Er wurde im 19. Jahrhundert in Südamerika zur Behandlung von Tropenkrankheiten eingesetzt. Angostura hieß eine Stadt in Venezuela.

„Warum erfahren wir so wenig über Nah-Tod-Erfahrungen?" fragte ich.

„Die Menschen zögern, ihre Erfahrungen mitzuteilen, weil sie meist negative Antworten darauf bekommen."

„Es gibt so viele Fragen. Warum gibt es so etwas? Wie entstehen die Inhalte? Warum ändern Menschen danach so total ihr Leben?"

„In der Tat ist es so, dass sich Menschen nach einer Nah-Tod-Erfahrung auf vielerlei Weise verändern. Sie verlieren jede Furcht vor dem Tod. Der Tod ist nicht das Ende von allem. Das Leben geht in einer anderen Form weiter. Diese Menschen zeigen mehr Interesse an der Natur, der Umwelt und an sozialen Fragen. Sie zeigen mehr ihre Gefühle. Ihr Interesse an Macht und Besitz vermindert sich."

„Pim van Lommel, ein holländischer Herzspezialist, hat mit anderen Wissenschaftlern eine Studie mit Patienten nach einer Nah-Tod-Erfahrung durchgeführt. In zehn Krankenhäusern in den Niederlanden wurden Patienten befragt, die einen Herzstillstand überlebt hatten. Alle Patienten dieser Studie waren eine kurze Zeitlang klinisch Tod gewesen. Das bedeutet, es bestand eine Zeitspanne der Bewusstlosigkeit, die durch einen Sauerstoffmangel im Gehirn ausgelöst wurde. In dieser Situation sind die Gehirnzellen nach fünf Minuten, wenn keine Wiederbelebung eingeleitet wird, abgestorben und der Patient stirbt. In der Studie hatten etwa 80% der Wiederbelebten keine Erinnerung an den Zeitraum ihrer Wiederbelebung. Dagegen gaben 20% der Wiederbelebten an, eine Nah-Tod-Erfahrung erlebt zu haben. Diese Patienten berichteten in unterschiedlicher Weise von ihren Erinnerungen. Sechs Patienten hatten eine sehr tiefe Nah-Tod-Erfahrung. Die Hälfte aller Patienten mit Nah-Tod-Erfahrung war sich bewusst, dass sie tot waren, und sie hatten dabei positive Gefühle. 30% hatten eine

„Tunnelerfahrung", sahen eine Landschaft oder trafen bereits verstorbene Personen. 13% erlebten einen Lebensrückblick. Es war nicht möglich, Gründe für das Auftreten einer Nah-Tod-Erfahrung zu finden. Die einzelnen Gruppen unterschieden sich nicht. Weder die Dauer des Herzstillstandes, noch die Anwendung der Medikamente, auch eine künstliche Beatmung oder eine Elektroschockbehandlung ergab keinen Unterschied. Auch die Tatsache, ob jemand vorher von einer Nah-Tod-Erfahrung gehört hatte, war nicht entscheidend. Eine religiöse Überzeugung oder die Tatsache, dass der Patient Atheist war, machte ebenfalls keinen Unterschied. Dasselbe galt auch für den Bildungsgrad des Patienten. Unterschiedlich waren das Alter der Patienten und die Anzahl der Wiederbelebungsversuche im Hinblick auf eine Nah-Tod-Erfahrung. Je jünger und je häufiger ein Wiederbelebungsversuch durchgeführt wurde, desto größer war die Chance, eine Nah-Tod-Erfahrung zu erleben. Wer schon einmal eine Nah-Tod-Erfahrung in seinem Leben hatte, der hatte gute Chancen erneut ein solches Erlebnis zu haben. Möglicherweise ist auch ein gutes Gedächtnis ausschlaggebend, ob man sich daran erinnern kann."

John Coltrane mit „Lazy Bird" lief im Hintergrund.

„Es gab also keine medizinische Erklärung für das Auftreten einer Nah-Tod-Erfahrung", stellte ich fest.

„Wenn es eine physiologische Erklärung gäbe, dann hätten alle Patienten eine Nah-Tod-Erfahrung haben müssen. Auf der Suche nach möglichen Erklärungen helfen uns die Berichte über Außerkörper-Erfahrungen weiter. Diese Menschen haben wahrheitsgetreue Wahrnehmungen aus einer Position außerhalb oder über ihrem leblosen Körper. Ärzte, Krankenschwestern und Angehörige konnten die berichteten Wahrnehmungen bestätigen. Es lag also keine Halluzination vor, denn diese wäre ja fern jeglicher Wirklichkeit. Es konnte auch keine Wahnvorstellung sein oder eine Illusion."

„Stehen diese Vorgänge mit einem quantenphysikalischen Ereignis in Verbindung?" fragte ich.

„In der Tat besteht eine phasenverbundene Quantenresonanz zwischen dem menschlichen Gehirn und der Information, die im Quantenfeld gespeichert ist. Die Frage ist nur, wie kann eine Kommunikation stattfinden, wenn das Gehirn vorübergehend gar nicht richtig arbeitet. Hier steckt allerdings der Denkfehler. Die Kommunikation findet ja erst später, nach dem Ereignis statt. Wenn das Gehirn wieder funktioniert. Der Informationsaustausch findet statt, wenn das Gehirn sich auf die Quantenhologramme einschwingt, also mit ihnen in Resonanz tritt. Diese tragen die Erfahrung der Reanimation. Das Quantenfeld enthält nicht nur Aufzeichnungen des Bewusstseins eines Menschen, die im Laufe seines Lebens erzeugt wurden und erhalten blieben, sondern auch eine Ansammlung von Informationen, die auf den gesammelten Erfahrungen seines Lebens basieren. Diese Ansammlung von Informationen, ein Quantenhologramm, kann sich unter geeigneten Umständen entwickeln und bleibt erhalten. Dieser Zugang ist leichter möglich, wenn ein Mensch diesen Zustand häufiger erlebt hat. Es hat sich gezeigt, dass Menschen mit Nah-Tod-Erfahrungen vermehrt intuitive Gefühle erworben haben. Es kommt zu einem starken Gefühl für Verbundenheit mit anderen Menschen und der Natur. Es ist erstaunlich, wie ein Herzstillstand, der nur ein paar Minuten andauert, zum Auslöser eines lebenslangen Transformationsprozess wird. Diese Menschen erkennen, dass alles und jeder verbunden ist. Jeder Gedanke hat Einfluss auf einen selbst und auf andere. Unser Bewusstsein geht auch nach einem körperlichen Tod weiter."

„Die Nah-Tod-Erfahrung geschieht also nach der Phase der Bewusstlosigkeit?"

„Ja, das ist richtig. Im Quantenfeld sind die Ereignisse abgespeichert. Erst später erhält der Mensch Zugang zu dieser Information, sofern bestimmte Funktionen des Gehirns weiterhin bestehen. Wenn das Gehirn so funktionsgestört ist, dass der Patient komatös wird, dann müssen die Gehirnstrukturen, welche die Erinnerung hervorrufen, ebenfalls ernsthaft beeinträchtigt sein. Somit können komplexe Erfahrungen, wie sie über die Nah-Tod-Erfahrung berichtet werden, nicht vorkommen oder im Gedächtnis bleiben."

„Professor Jurmala, auch blinde Menschen haben Nah-Tod-Erfahrungen!"

„Es ist wirklich eine Herausforderung für die Wissenschaft, eine neue Hypothese aufzustellen. Sie muss berücksichtigen, dass eine wechselseitige Verbundenheit mit dem Bewusstsein anderer Menschen und verstorbenen Angehörigen besteht. Außerdem muss die Wissenschaft erklären, wie es sein kann, dass ein Mensch außerdem eine Rückschau des eigenen Lebens erfährt, bei der alle vergangenen Ereignisse existieren ohne unsere konventionellen Vorstellungen von Raum und Zeit. Letztendlich kann nur die Quantenphysik die Erklärung liefern. Alle anderen medizinischen Erklärungsversuche scheitern."

John Coltrains „Locomotion" durchzog den Raum.

„Ein Atemstillstand mit anschließender Reanimation ist für unser Gehirn ein außergewöhnliches Ereignis. Es ist ein Stressereignis von ungeheurer Intensität. Es kommt dabei zu einer Zustandsänderung des Gehirns. Es ist eine Art Umprogrammieren des Gehirns. Eine veränderte Sensibilität setzt ein. Sofern wir das Ereignis überleben und unser Gedächtnis intakt bleibt, haben wir danach leichteren Zugang zu unseren eigenen Quantenhologrammen. Wir können sie abrufen. Diese Sensibilität bleibt weiterhin bestehen und führt zu Transformationen und Veränderungen von Lebenseinstellungen. Diese Menschen haben plötzlich ein Interesse an Spiritualität. Macht und Besitz spielen nur noch eine untergeordnete Rolle. Gleichzeitig haben diese Menschen aber plötzlich auch Zugang zu anderen Hologrammen. Sie kommen an Informationen, die ortsungebunden im Kosmos gespeichert sind. Sie erleben eine Verschmelzung dieser Hologramme mit ihren eigenen. Erstaunlicherweise entstehen keine bedrohlichen Szenarien, das Gegenteil ist der Fall. Es sind Glücksgefühle, die vorherrschen."

Prof. Jurmala blickte auf seine Uhr. „Sind Sie mir bitte nicht böse, aber ich muss nach Hause. Morgen ist ein anstrengender Tag. Wir bleiben in Verbindung." Er erhob sich, und ich bedankte mich sehr für das Gespräch. Ich winkte Giovanni und bestellte ein zweites Glas.

Shiva ist der Gott der Zerstörung und steht auf der gleichen Stufe wie Brahma, der Erschaffer und Erhalter. Ein zerstörender Gott? Eigentlich undenkbar. Doch die altindischen Schriften sind weise. Tatsächlich ist das Vergehen so wichtig wie das Entstehen. Sonst gäbe es weder Wachstum noch Entwicklung. Der Tod wird nicht tabuisiert. Er gehört zum Alltag. Die Farbe der Trauer ist hier weiß, nicht schwarz.

13. Szene

Unschärfe und Nichtlokalität

Vishnu

Vishnu ist die göttliche Form der Erhaltung. Er ist das Bindeglied zwischen Brahma, dem Schöpfer und Shiva, dem Zerstörer. Shiva zerstört, um einen Neuanfang zu ermöglichen. Brahma ist für die Schöpfung verantwortlich. Vishnu hat vier Hände. In jeder Hand hält er einen besonderen Gegenstand. Eine Muschel, die Sankha genannt wird. Sie symbolisiert die Schwingungen aus dem Kosmos, also dessen Energie. Dann einen Diskus, der als Waffe eingesetzt wird. Eine Keule und eine Lotusblüte. Vishnu hält eine seiner Hände hoch und zeigt die Handfläche nach vorne. Ist die Erde in Gefahr und droht ihr Böses, dann kommt er auf die Erde, um die Ordnung wieder herzustellen. Dieser Vorgang wird Avatar, Abstieg, genannt. Die Avatare sind Manifestationen des Gottes Vishnu. Der bekannteste Mythos handelt von den zehn Avataren. Rama und Krishna sind die bekanntesten, aber auch Buddha und Kalki. Der Fisch Matsya warnte einst den ersten Menschen vor der Sintflut, die Schildkröte Kurma stellte ihren Rücken zur Verfügung als die Götter die Meere aufwühlten, um das Lebenselixier zu erschaffen. Als Eber Varaha hob er die Erde an, als eine erneute Sintflut drohte. Der Löwenmensch Narashimha, der Zwerg Vamana und der Brahmane Parashurama retteten die Welt vor Dämonen und kriegerischen Angriffen. Der siebte Avatar ist

Rama. Der größte Held der hinduistischen Mythologie. Er besiegte den bösen König von Lanka. Diese Geschichte wird in einem großen Epos erzählt. Seine Aufgabe war es Gerechtigkeit auf der Erde wieder herzustellen. Der achte Avatar war Krishna. Auch er bekämpfte Dämonen. Der neunte Avatar, Buddha, war der große religiöse Führer und Lehrer. Er zeigt den Menschen den Weg zur Erleuchtung. Der zehnte und letzte Avatar ist noch nicht auf die Erde gekommen. Sein Name ist Kalki. Er wird ein goldenes Zeitalter einleiten. Im 20. Jahrhundert verehrten Anhänger Vishnus, welche die Bibel kannten, Jesus Christus. Sie hielten ihn für den zehnten Avatar Vishnus.

Die S-Bahn fuhr in die Station ein. Ich öffnete die Tür und setzte mich in ein Abteil. Mir gegenüber saß schon ein älterer Herr. Ich hatte am Vormittag einen Vortrag gehalten über die Hormonstörungen beim Chronischen Erschöpfungssyndrom CFS. Der Vortrag war viel zu lang gewesen. Am Schluss hatte ich stark gekürzt. Aber was hätte ich weglassen sollen? Alles war wichtig. Aber es war definitiv zu lang. Ich lehnte mich zurück. Die Türen gingen zu. Ich schaute hinaus. Es war nicht viel los. Ein Samstag an der Universität.

Der Mann gegenüber schaute mich an und lächelte. Ein Patient? Nein, eher nicht. Ich fühlte mich unsicher. Mein gegenüber begann plötzlich zu sprechen. „Mein Name ist Heisenberg, Werner Heisenberg. Sie haben bestimmt schon von mir gehört?" Ich stellte mich ebenfalls vor. „Ist etwas nicht in Ordnung?" fragte er „Nein, alles ok", sage ich. Die Bahn fuhr an.

„Die Unschärferelation ist von mir. Wissen Sie, Wissenschaft wird von Menschen gemacht." „Ja, ich weiß", sagte ich etwas gedankenversunken. „Aber, wir mussten damals die Physik weiterbringen. Mit Newton kamen wir ja nicht weiter."

„Ja" sagte ich. Heisenberg? In der S-Bahn? „Was machen Sie hier?", fragte ich.

„Nicht viel. Ich dachte, ich erkläre Ihnen kurz die Unschärferelation, wenn Sie möchten."

„Bitte!"

„Die Naturwissenschaft beschreibt und erklärt die Natur nicht einfach so wie sie an sich ist. Sie ist vielmehr ein Teil des Wechselspiels zwischen der Natur und uns selbst." Plötzlich nießte er. „Entschuldigen Sie bitte, mein Heuschnupfen. Der hat in der letzten Zeit wieder stark zugenommen. Aber heute gibt es ja bessere Behandlungsmöglichkeiten als zu meiner Zeit. Das wissen Sie sicher besser als ich."

Ich fasste mir ein Herz und fragte ihn direkt. „Wie sind Sie eigentlich auf die Unschärferelation gekommen?"

„Meine Lehrer Sommerfeld und Niels Bohr hatten ja das Atommodell mit Hilfe der Newtonschen Mechanik entwickelt. Nach deren Theorie springt ja ein Elektron in einem Atom zwischen Quantenbahnen hin und her, und dabei nimmt es Energie auf und gibt sie auch wieder ab. Diese Theorie war mit der Zeit einfach so nicht mehr haltbar, weil sie ja auch nicht stimmte. Pauli und ich hatten das ja auch immer wieder kritisiert. Wir berechneten zwar eine Bahn nach der klassischen Newtonschen Mechanik, dann aber gaben wir ihr durch die Quantenbedingungen eine Stabilität, die sie nach eben dieser Newtonschen Mechanik aber gar nicht haben dürfte. Wir hatten uns bald darauf angewöhnt, gar nichts mehr über das Springen dieser Elektronen zu sagen. Ironischerweise hatten wir dann von Hochsprung und Weitsprung gesprochen. Also musste dann doch diese Vorstellung von der Bahn des Elektrons im Atom Unsinn sein. Aber was dann, haben wir uns gefragt. Meine Mitarbeiter kannten mich damals schon. Den Satz: „Das geht nicht!", durfte niemand benutzen. Er zeigt nur zu offensichtlich den Mangel an Phantasie. Ich setzte meinen ganzen Ehrgeiz daran, einen Weg zu finden. Mein Optimismus war sprichwörtlich."

Er schwieg einen kurzen Moment und dachte nach.

„Ich war ja 1925 wegen meines Heuschnupfens auf Helgoland gewesen. Damals hatte ich das Gefühl, durch die Oberfläche der atomaren Erscheinungen hindurch auf einen tief darunter liegenden Grund von merkwürdiger innerer Schönheit zu schauen. Es wurde mir fast schwindelig bei dem Gedanken, dass ich nun dieser Fülle von mathematischen Strukturen nachgehen sollte, welche die Natur dort unten vor mir ausgebreitet hatte. Es gelang mir damals die mathematische Grundlage zur Berechnung der verschiedenen Zustände eines Atoms und die Übergangswahrscheinlichkeit von einem Zustand in den nächsten zu finden. Ich konnte zeigen, dass die Elektronen demnach nicht auf festen Bahnen um den Atomkern springen; es ist eher wie bei einer Wolke Es war nicht so wie bei den Autofahrern, die auf den heutigen Autobahnen von einer Spur auf die andere wechseln. Der „Atomverkehr" verlief anders. Zwei Jahre später ist mir dann der Durchbruch gelungen. Ich habe etwas ganz Ungewöhnliches gemacht. Ich habe die Unschärfe, die Unbestimmtheit in die Physik eingeführt. Egal, wie gut die Messapparaturen sind, ist doch die Messgenauigkeit bei Experimenten beschränkt. Es ist nicht möglich, den Ort und den Impuls eines Teilchens gleichzeitig exakt zu messen. Je genauer die Messung des Orte, desto ungenauer ist die Messung des Impulses und umgekehrt. Die klassische Physik wurde dadurch auf den Kopf gestellt. Es ist halt doch nicht alles messbar."

„Das bedeutet, dass Ihre Unschärferelation nicht die Folge von Unzulänglichkeiten eines entsprechenden Messvorganges ist?"

„Exakt! Sie ist prinzipieller Natur. Es geht immer um zwei komplementäre Eigenschaften eines Teilchens. Es geht sogar so weit, dass die Messung der Position eines Quantenobjektes zwangsläufig mit einer Störung seines Impulses verbunden ist."

„Aber das ist für den Nichtphysiker schwer zu verstehen", sagte ich.

„Ich habe damals ein Gedankenexperiment anhand eines Mikroskops vorgeschlagen. Ein Untersucher legt ein Teilchen unter ein Mikroskop und will so den Ort des Teilchens genau bestimmen. Um die Auflösung zu erhöhen, benutzt er Licht mit immer kleinerer Wellenlänge. Mindestens ein Photon muss auf das Teilchen ja fallen, damit das Teilchen zu sehen ist. Dieses Photon besitzt aber einen Impuls, der umso größer ist, je kleiner seine Wellenlänge ist. Dadurch erfährt aber das Teilchen selbst durch die Messung seines Ortes einen Impuls. Es wird nämlich angestoßen. Damit kann sein Ort aber nicht mehr präzise bestimmt werden. Je genauer der Ort eines Teilchens bekannt ist, desto weniger weiß man über seinen Impuls und desto stärker sind die Schwankungen der Messwerte."

„Wo fängt eigentlich die Quantenwelt an?" fragte ich weiter. „Wo ist die Grenze? Das Elektron wird an einem Kristall gebeugt. Ein Auto an einer Allee von Bäumen aber nicht."

„Die Frage nach der Grenze zwischen Quantenwelt und „unserer" Welt ist nicht endgültig geklärt. Es stellt sich aber wirklich die Frage, ob es überhaupt eine Grenze gibt."

„Gibt es noch andere Beispiele, welche die Unbestimmtheit verdeutlichen?" fragte ich.

„Nehmen Sie eine Schallwelle und versuchen Sie die Frequenz zu einem bestimmten Zeitpunkt zu messen. Das ist unmöglich. Denn um die Frequenz einigermaßen exakt zu ermitteln, müssen wir das Signal über eine Zeitspanne, die eine gewisse Mindestgröße nicht unterschreiten darf, beobachten, und dadurch verlieren wir Zeitpräzision. Das heißt, ein Ton kann nicht innerhalb einer beliebig kurzen Zeitspanne da sein und gleichzeitig eine exakte Frequenz besitzen."

„Ist es richtig, dass die Unschärferelation später auch verallgemeinert wurde?" fragte ich.

Ja, wir konnten Unschärfebeziehungen auch zwischen anderen physikalischen Größen aufstellen. Zum Beispiel zwischen Energie und Impuls oder Ort und Energie."

Erneut war er für kurze Zeit mit seinen Gedanken abwesend. Dann sprach er weiter.

„In der Kopenhagener Deutung haben wir damals zum ersten Mal alle Besonderheiten der Quantenphysik zusammengefasst."

„Warum ist es eigentlich 1941 zu dem Zerwürfnis mit Nils Bohr in Kopenhagen gekommen?"

„Irgendwie ist das alles damals ziemlich schief gelaufen. Es war ja Krieg und Deutschland hatte Dänemark besetzt. Es gab große Missverständnisse. Die haben mich politisch völlig falsch eingeschätzt, dabei dachte ich immer, ich müsste Nils

Bohr retten. Er hat ja hinterher Briefe an mich verfasst, die er aber nie abgeschickt hat."

Plötzlich stand er auf, denn wir waren inzwischen an einer Bahnstation angekommen. „Ich muss mich nun verabschieden. Ich habe noch einen Termin. Leben Sie wohl." Dann war er im Gedränge verschwunden.

Ich hatte meine Bahnstation verpasst. Egal! Werner Heisenberg trifft man nicht alle Tage in der S-Bahn. Ich war verwirrt. Was war passiert? Ich hatte mit Heisenberg gesprochen. Er hatte mir seine Unschärferelation erklärt.

Die Quantenphysik hat alte Glaubenssätze über das Universum gründlich erschüttert und uns ein vollkommen neues Verständnis eröffnet mit ihrer Feststellung, dass Information ihren Ursprung im Universum hat. Information, wird aber nur dann wirksam, wenn ein Bewusstsein sie versteht und deutet kann und sie damit zur Realität führt. Alle nicht in die Realität abgerufenen Informationsfelder existieren als Möglichkeiten - mathematisch beschreibbar als Wellenfunktionen - in einem Energiefeld, bereit, irgendwann Wirklichkeit zu werden. Wir sind durch unser Bewusstsein Verursacher von konkreten Ereignissen. Sind unsere Bewusstseinsimpulse überwiegend materiell oder nach Macht, Gier und Selbstliebe ausgerichtet, dann werden wir mit den Folgen rechnen müssen. So können wir auf ganz neue Weise einen Blick auf die Ursachen für die augenblickliche Realität unserer Welt werfen. Unsere Hilfeschreie nach einer gerechten Welt werden erfolglos bleiben. Denn wir allein sind für die Zustände verantwortlich, unter denen wir leiden. Es ist vor allem diese Schlussfolgerung aus den Forschungsergebnissen der Quantenphysik, dass wir die alleinigen Schöpfer unserer Welt sind, und zwar sowohl individuell als auch kollektiv. Jedoch kann diese nüchterne und schmerzhafte Selbsterkenntnis zum Beginn eines Transformationserlebnisses werden. Denn sie öffnet uns das Tor zur Erkenntnis der realen Wirklichkeit der Welt und ermöglicht die Weichenstellung für neue Denk- und Handlungsmuster. Heisenberg hat die Grundfesten der mechanistischen Physik Newtons erschüttert.

Vishnu wird als schlafender Gott bezeichnet, und in zahlreichen Abbildungen auch so dargestellt. Er hat sich niedergelegt, ist eingeschlafen und erträumt die Universen. Wenn Götter träumen, dann werden Träume Wirklichkeit. In Budhanilkantha bei Katmandu in Nepal liegt ein 5 Meter großer schlafender schwarzer Vishnu auf einer Schlange in einem Wasserbecken. Täglich finden rituelle Waschungen durch Priester statt. Dann wird der Kopf Vishnus mit Butter, Milch, Joghurt und Honig gesalbt und anschließend mit Blüten und Blumenketten geschmückt und immer wieder mit Wasser beträufelt. Der Traum geht weiter. Neue Universen werden auf diese Weise entstehen.

14. Szene

Vogelflug

Rama

Rama ist der siebte Avatar des Gottes Vishnu. Vishnu, der Erhalter der menschlichen Ordnung, erschien auf der Erde in der Gestalt des Rama. Ramas Leben wird in einem großen Epos, dem Ramayana, erzählt. Rama hatte die Aufgabe, Gerechtigkeit in der Welt wieder herzustellen und sie von Dämonen zu befreien. Der Kern der Geschichte ist seine Liebe zur Prinzessin Sita. Rama wurde in späterer Zeit von der Welt als der perfekte Mensch verehrt. Als Herrscher, als Ehemann, als Sohn, als Vater und Freund. In der Hand hält er einen Bogen mit dem er die Guten beschützt. Rama heißt wörtlich „derjenige, der sich freut". Mahatma Gandhi hat Rama sehr verehrt. Er hat nach den Prinzipien Ramas gelebt. Zunächst hatte auch Rama viele Schwächen, das machte ihn so sympathisch. Sein unbegründetes Misstrauen gegenüber Sita ist Auslöser für die wichtigsten Ereignisse in dieser Geschichte.

Prinz Rama war der einzige, der den alten Bogen des Königs Janaka spannen konnte. Deshalb durfte er seine Tochter Sita heiraten. Einst hatte der König das Kind in einer Ackerfurche gefunden und adoptiert. Rama kehrte nun mit ihr an den Hof seines Vaters zurück. Er sollte mit dem Vater regieren. Aber es kam anders. Durch eine Intrige wurden er und Sita für 14 Jahre in den Urwald verbannt. Sein Bruder ging mit ihm. Sie hatten kein Glück. Sita wurde entführt. Er wusste nicht, wo sie war. Er musste sie finden. Die Affen waren bereit ihm zu helfen. Aber auch sie waren bedroht durch ein Mitglied seiner eigenen Familie. Gemeinsam besiegten sie den Feind, der das Königreich der Affen bedrohte. Danach musste Sita gefunden werden. Der Oberbefehlshaber der Affen, General Hanuman, fand schließlich Sita. Sie wurde gerettet. Rama wurde nun selbst König. Aber das Unglück war nicht zu Ende. Rama zweifelte plötzlich an der Treue Sitas und verstieß sie. Er klagte sie an, ihn in der Gefangenschaft betrogen zu haben. Er verbannte sie. Rama wusste nicht, dass Sita schwanger war. Verlassen von allen brachte sie Zwillinge zur Welt. Die Kinder sollten ihren Vater aber erst als Erwachsene sehen. Zu spät erkannte Rama seinen Fehler und holte Sita wieder zurück. Aber es war bereits zu spät. Die Erde öffnete sich und Sita wurde verschlungen. Verzweifelt stürzte sich Rama hinterher. Erst im Himmel waren beide wieder vereint. Dort wurde er wieder zu Vishnu. Der General des Affenheeres Hanuman wurde als Held verehrt. Seine grenzenlose Loyalität zu Rama wurde bewundert.

Ich bin auf dem Weg zum Kunstmuseum, um mich mit Siggi zu treffen. Wir hatten uns einige Wochen nicht gesehen. „Interessierst Du Dich immer noch für Quantenphysik?" hatte er gefragt. „Ja", hatte ich geantwortet. „Wir müssen uns unterhalten". Irgendwie klang er etwas einsam. Ich hatte vor kurzem einen Artikel über die Orientierung von Vögeln beim Flug in ihre Heimat gelesen, aber wenig verstanden. Siggi hatte gemeint, er könne mir das ziemlich genau erklären. Das habe ebenfalls mit Quantenphysik zu tun. Ich war erstaunt. Er hatte dann etwas von Quantenverschränkung am Telefon gemurmelt. Vor ein paar Tagen hatte ich ein eigenartiges Schauspiel beobachtet. Auf einem Baukran in der Stadt saßen tausende Vögel. Das Gezwitscher war groß. Immer neue Gruppen von Vögeln kamen hinzu, andere flogen wieder weg. Sie waren überall, wo es Platz gab. Alle waren irgendwie sehr aufgeregt.

Sie bewegten sich ständig. Wie bei einer großen Versammlung. Eine Besprechung unter Vögeln? Nein mehr! Ein Vogelparlament. Worum ging es wohl? Was war das Thema? Niemand weiß es. Treffen sich alle vor dem Flug nach Afrika? Werden letzte Anweisungen erteilt?

Siggi war schon da. Er sprang auf und begrüßte mich. „Hallo, schön Dich wieder zu sehen. Wie geht`s Dir? Was hast Du die letzten Wochen gemacht?" Ich hab` an meinem Patientenratgeber über die natürliche Hormontherapie geschrieben. Gestern hab` ich das Manuskript an den Verlag geschickt." „Meinst Du, ich brauche auch Hormone? In der letzten Zeit bin ich schneller erschöpft und auch etwas lustlos. Vielleicht fangen bei mir ja schon die Wechseljahre an?" „Komm vorbei. Lass dich doch einfach testen. Dann weißt Du Bescheid." Dino kam an den Tisch und begrüßte uns. „Am liebsten hätte ich jetzt eine Margarita", sagte ich. Siggi bestellte Aperol Spritz. Es war heute nicht viel los in der Bar. Die Musik war auch leise. Leichte südamerikanische Rhythmen. Ipanema. Die sanfte Stimme von Astrud Gilberto.

„Auf dem Weg zum Computer sind uns Physikern allerhand Kunststücke gelungen. Unsere Experimente haben allerdings in luftleeren und absolut isolierten Räumen stattgefunden. Die Natur ist da schon ein Schritt weiter. Wenn Du am Computer sitzt, eine Musik-CD hörst oder dein Navi bedienst, dann sind das alles Errungenschaften der Quantenphysik. An unseren Experimenten haben wir gelernt und erst später ließen sich diese Erkenntnisse auch praktisch umsetzen. Aber nicht nur technische Errungenschaften hängen von quantenphysikalischen Wirkungen ab, sie spielen ja auch in der Natur eine wichtige Rolle und das schon sehr lange. Die Gesetze der Quantenphysik bestimmen z. B. alle biologischen Strukturen.

In hochtechnisierten Laboren scheinen die Wissenschaftler sogar die Natur zu überbieten. Von der Außenwelt isoliert, im luftleeren Raum, bei extremen Temperaturen erfahren sie Neues über die Elementarteilchen. Einzelne Quantenobjekte lassen sich unter diesen Bedingungen beispielsweise miteinander verschränken, wie wir sagen. Sie bilden eine Einheit und lassen sich nur noch gemeinsam beschreiben. Jedes scheint den Zustand des anderen zu kennen. Es ist ganz gleich, wie weit sie voneinander entfernt sind."

„Und Du bist sicher, dass auch solche Phänomene in der Natur auftreten?" fragte ich.

„Dies hat man lange für unmöglich gehalten. Die Natur hat ja nur komplexe Systeme zu bieten. Ständig kommt es zu Störeinflüssen. Die Photosynthese war das erste Objekt, an dem solche Untersuchungen durchgeführt wurden. Bei der Photosynthese wandeln Pflanzen das Sonnenlicht in chemische Energie um. Der Wirkungsgrad ist ungeheuer groß und beträgt 95%. Nur 5% werden in Wärme umgewandelt."

Wie schafft die Natur das?"

„Bestimmte Eiweiße, wir nennen sie Lichtsammelkomplexe, fangen die Photonen ein und unterstützen sich gegenseitig. Und sie sind unabhängig von der Temperatur des Systems."

„Wir haben vielleicht nur noch verschränkte Systeme. Alles ist mit allem verbunden", sagte ich.

„Genau! Die Quantenverschränkung sagt ja, dass zwei oder mehr Teilchen nicht mehr als einzelne Teilchen getrennt beschrieben werden können, sondern nur noch als Gesamtsystem.

Irgendwann werden wir es so wie die Natur machen und organische Solarzellen bauen."

„Du wolltest mir erklären, wie es die Vögel machen beim Vogelzug in ihre Heimat. Wie orientieren sie sich?"

„Die Tiere haben eine Magnetfeldwahrnehmung. Nimm die Schwalbe. Es gibt einen fotochemischen Prozess im Auge des Vogels. Das Photon gelangt auf die Netzhaut und trifft auf ein Rezeptormolekül A. Dabei wird ein Elektron freigesetzt und springt zum nächsten Rezeptormolekül B. Wir haben jetzt ein sogenanntes Radikalenpaar AB. A hat ein Elektron zu wenig und B hat eines zu viel. Sie sind also geladen. Durch diese Ladung bekommt das Elektron einen Spin. Es dreht sich wie ein Kreisel. Nichts in der klassischen Physik ist damit vergleichbar. Am ehesten kann man es mit zwei kleinen Magneten vergleichen. Diese beiden Elektronenspins treten in Wechselwirkung mit dem Erdmagnetfeld bis das angeregte Elektron wieder auf seinen alten Platz zurückspringt. Dieser Effekt hängt maßgeblich von der Magnetfeldrichtung und der Stärke des Magnetfeldes ab. Je nachdem wie die Schwalbe zum Magnetfeld blickt, werden chemische Substanzen in unterschiedlichen Mengen in ihrer Netzhaut freigesetzt. Diese dienen dann der Schwalbe als Richtungsinformation."

Ein dumpfer Schlag war plötzlich zu hören, davor ein kurzes Seufzen. Es kam von schräg hinter uns. Alles blickte an uns vorbei. Ich drehte mich auch um. Eine Person lag am Boden im hinteren Teil des Raumes. Alles war wieder ruhig, nichts passierte mehr. Die Person stand aber nicht wieder auf, sie blieb weiter auf dem Boden liegen. Plötzlich fing mein Kopf an zu arbeiten. Jemand sollte sich um sie kümmern. Wenn nichts geschah, niemand anfing, nachzusehen, was los ist, dann musste ich es tun. Hatten wir nicht vor zwei Tagen den ganzen Nachmittag Notfälle in der Praxis geübt?

Ich blickte zu Siggi, nickte kurz und stand auf. Die „Disco-Regel" war das erste, was getan werden musste, nämlich ansehen, ansprechen, anpacken. Auf dem Boden lag eine junge Frau, den Kopf auf der Seite mit offenen Augen. Sie reagierte nicht. Ich tätschelte ihr die Wangen. „Hallo, was ist los?" rief ich. Nichts geschah. Ich beugte mich über sie, um ihren Atem zu spüren. Sie atmete nicht. Ich fasste an ihre Halsschlagader, aber sie hatte keinen Puls. Jetzt ist es soweit, dachte ich, jetzt musst du sie wiederbeleben. Jetzt bloß keinen Fehler machen. Ich zog ihr den Kopf zurück und versuchte die Zunge zu fassen, aber der Kiefer war angespannt. Hatte sie noch was im Mund? Ich sah nichts.

„Siggi"! rief ich. Nimm Dein Handy, wähle 112. Ruf den Notarzt und komme dann sofort her, ich brauch Dich hier. Wir müssen anfangen, denn wir wissen nicht, wann Hilfe kommt."

Dann begann ich, ihr die Jacke aufzuknöpfen. Das war nicht so einfach, denn sie war schwer und half mir nicht aus der Jacke herauszukommen. Sollte ich ihr den Pullover hochschieben? Wir hatten in der Klink immer den Brustkorb frei gemacht. Egal, Pullover hoch und flach auf den Rücken. Jetzt keine Zeit verlieren. Ich kniete links neben ihr. Den Handballen der rechten Hand legte ich auf ihr Brustbein, dort, wo die leichte Vertiefung war. Der Handballen der linken Hand kam auf den Handrücken der rechten Hand. Jetzt musste ich drücken. So etwa 4 bis 5 Zentimeter sollte der Brustkorb schon gesenkt werden. Ich zählte dabei im Sekundenrhythmus. Bei 30 musste Siggi zweimal Mund zu Mund beatmen. 20, 21, 22. Wo war Siggi? Er kam und hatte das Handy noch in der Hand.

„Steck das Handy ein!" Du musst zweimal in ihren Mund blasen und dabei ihre Nase zuhalten, damit die Luft nicht wieder rauskommt. Ich war bei 30 und Siggi blies zweimal seinen Atem in ihren Mund. Dann begann ich wieder mit der Brustmassage. „Schau Dir genau an wie ich es mache, bald musst Du mich ablösen."

Wieder bei 30. Siggi atmete in ihren Mund aus. Einige Leute standen um uns. Keiner sagte etwas. „Gehen sie zum Eingang und zeigen Sie dem Notarzt den Weg", forderte ich eine ältere Dame mit Hut auf. Jetzt war der Zeitpunkt gekommen, dass mich Siggi ablösen musste. Ich war schon ziemlich erschöpft. Wir wechselten bei 30 und ich blies ihr meine Luft ein. „Drücke und zähle laut bis 30, dann weiß ich, wann ich pusten muss", sagte ich.

Noch zweimal dieser Rhythmus, dann war der Notarzt da. Nein, gleich zwei Notärzte und 3 Sanitäter erschienen mit viel Gepäck. Taschen, Ampullen-Koffern und einem elektrischen Defibrillator. Wir wurden abgelöst. Eine Infusion wurde angelegt. Der automatische Defibrillator angeschlossen. „Kammerflimmern, rief einer der Sanitäter. Weg von der Patientin." Der erste Stromstoß ließ sie kurz aufbäumen. Die Herzmassage ging weiter. Der zweite Stromstoß mit höherer Energie kam. „Sinusrhythmus!" Alle schauten auf die Frau. Sie kam zu sich. Sie bewegte sich. Sie sprach: „Ich bin so müde." Siggi und ich warteten auf der Seite. „Haben Sie gesehen was passiert ist?" fragte mich einer der Notärzte. Kurz schilderte ich, was geschah. „Danke für Ihren Einsatz." „Ist schon o. k." Eine Trage wurde gebracht und der Transport konnte beginnen. Langsam kehrte wieder Ruhe ein. Siggi und ich waren ziemlich erschlagen und schauten uns an. Wir gingen wieder zurück an unsere Plätze. Dino kam mit ernstem Gesicht und sagte: „Der nächste Drink geht aufs Haus", und stellte vor jeden ein Glas hin. „Die war schon im „Tunnel", sagte Siggi, „Du hast sie wieder zurückgeholt." Ich wusste nicht, was ich sagen sollte, aber ein Gefühl der Erleichterung trat doch ein.

Rama und Sita waren nach der Überlieferung das ideale Paar. Wenn man allerdings die genaue Geschichte kennt, muss man an dieser Aussage doch zweifeln. Beide werden heute in Janakpur in Nepal verehrt. Mitten in der Stadt stehen ihre beiden Tempel, so dass sie auch heute noch mit einander verbunden sind.

15. Szene

Evolution

Krishna

Krishna ist die achte und beliebteste Reinkarnation Vishnus. Krishna wird mit blauer Hautfarbe und gelber Kleidung dargestellt. Gleich nach seiner Geburt wurde er einer Familie von Kuhhirten übergeben, um ihn vor dem bösen König Kamsa zu verstecken, der angekündet hatte, ihn zu töten. Krishna war das achte Kind seiner Eltern und wurde in einem Gefängnis geboren, wohin König Kamsa seine Familie eingesperrt hielt, weil ihm prophezeit worden war, dass er vom achten Kind dieser Familie einmal getötet werde. Krishna wuchs zunächst als Kuhhirt auf. Um seine Kindheit rankten sich viele Geschichten. Jugendstreiche, wie das Stehlen von Butter oder auch der Kontakt zu den Hirtenmädchen, die seine manchmal üblen Streiche immer wieder verziehen. So stahl er ihnen einmal beim Baden am Fluss die Kleider und kletterte damit auf einen Baum. Um ihre Kleider wieder zu bekommen, mussten sie einzeln nackt vor ihm erscheinen. Die Erotik kommt nicht zu kurz. Als Erwachsener kehrte er an den Ort seiner Geburt zurück. Er tötete dort tatsächlich Kamsa. Danach erhielt er in wenigen Wochen eine Ausbildung. Später war er in kriegerische Handlungen verstrickt. Am Ende saß er im Schatten eines Baumes. Dort durchbohrte der Pfeil eines Jägers seinen Fuß. Der Jäger war untröstlich als er sah, dass er statt einer Gazelle einen Menschen, eigentlich sogar einen Gott getroffen hatte. Krishna verzieh ihm, aber er starb an dieser Wunde und verließ daraufhin die Erde.

Jutta und ich saßen mit Beat Kuni, dem Chaosforscher und Systemkritiker, im Blauen Salon der Therme in Vals. Der Ober reichte jedem ein Glas Kentucky Derby. Cocktails mit Bourbon Whiskey werden immer beliebter. Im Kentucky Derby kommt außerdem noch Grenadine, Zitronensaft und Pfirsichlikör hinzu.

Beat war in seinem Element. „Wir leben in einer Zeit der Instabilität und der Veränderungen. Die Zukunft erscheint ungewiss. Wir stehen am Scheitelpunkt. Entweder wir versinken in Katastrophen oder es gelingt, wieder eine stabile Phase zu erreichen. Untergang oder Stabilisierung sind reale Phänomene. Wir müssen deshalb versuchen, die Entwicklungen besser zu verstehen. Für uns alle ist es wichtig zu wissen, dass die Entwicklung der Systeme kein Zufall ist. Die Entwicklung unserer Welt folgt einer eigenen Logik. Es ist die Logik der Evolution. Das Kennzeichen ist der Wechsel von Perioden relativer Stabilität mit Zeiten einer ständig wachsenden und schließlich kritischen Instabilität. Hat diese Instabilität schließlich den kritischen Punkt erreicht, dann bricht das System zusammen oder geht in einen neuen Zustand dynamischer Stabilität über. Alle gesellschaftlichen Bereiche sind davon betroffen.

Wir nähern uns gerade einem solchen Schwelle der Veränderung. Sie findet gegenwärtig auf globaler Ebene statt. Eigentlich finden Evolutionsprozesse ständig statt. Sie verlaufen aber nicht gleichmäßig, sondern sie treten schubweise auf. Evolution ist nicht umkehrbar. Plötzlich wird das System chaotisch und verzweigt sich dann. Der Meteorologe Edward Lorenz hat dies mit den Schmetterlingseffekten sehr gut beschrieben. Does the flap of a butterfly's wings in Brazil set off a tornado in Texas? Diese Metapher ist insofern problematisch, als manche Menschen den Schmetterlingseffekt als Synonym für den Schneeballeffekt ansehen, bei dem kleine Effekte sich über eine Kettenreaktion selbst verstärken. Das ist jedoch nicht gemeint, sondern er meinte, dass schon kleine Abweichungen langfristig ein ganzes System vollständig und nicht vorhersagbar verändern können. Zu bedenken ist aber auch folgendes: Wenn ein einziger Flügelschlag eines Schmetterlings einen Tornado zur Folge haben kann, dann gilt dies ebenso für alle früheren und folgenden Flügelschläge sowie für die von Millionen anderer Schmetterlingen ganz zu schweigen von den unzähligen viel stärkeren Lebewesen, insbesondere unserer eigenen Spezies. Und wenn der Flügelschlag eines Schmetterlings einen Tornado auslösen kann, so könnte er auch den Effekt haben, ihn zu verhindern. Verzweigungen liegen an der Tagesordnung.

Schwankungen des Systems werden fortlaufend durch selbststabilisierende negative Rückkoppelungen korrigiert. An der Schwelle zur kritischen Instabilität ist dies aber dann nicht mehr möglich und das System gerät außer Kontrolle. Dies führt entweder zum Zerfall des Systems in einzelne stabile Bestandteile, also zum Zusammenbruch oder zur raschen Evolution hin zu einem System, das genau gegen diese Schwankungen widerstandsfähig ist, die das alte System destabilisiert haben. Es kommt also zum Durchbruch des Neuen.

Am kritischen Verzweigungspunkt werden viele Versuche unternommen, die Krise zu bewältigen und das alte System zu stabilisieren. Diese Versuche sind in der Regel zum Scheitern verurteilt. Manche Versuche bringen das System zwar wieder in ein neues Gleichgewicht, können es aber letztendlich nicht mehr aufrechterhalten und zögern den Zusammenbruch meist nur hinaus."

Wir blickten hinaus in die stille Berglandschaft. Auch hier waren Evolutionsprozesse am Werk. Beat Kuni lehnte sich zurück und schien nachzudenken.

„Komplexe Systeme, ob biologisch oder gesellschaftlich, bilden sich durch Verzweigung weiter. Fortlaufende Verzweigungen in der Evolutionsgeschichte kennzeichnen den Verlauf der Evolution auf der Erde. Durch fortlaufende Verzweigungen entstand der Mensch. Mit ihm entwickelten sich die soziokulturellen und technologischen Systeme."

„Wie war das mit der Evolution des Menschen?" fragte ich.

„Vor etwa 40 Millionen Jahren spalteten sich die Familie der Primaten, also unsere entferntesten Vorfahren, von den damals lebenden Säugetieren ab. Es waren kleine Affen in Afrika. Vor etwa 10 Millionen Jahren kam es wieder zu einer bedeutenden Verzweigung. Eine kleine Gruppe verließ nun die Bäume und begann den Wald zu durchstreifen. Aus dieser Gruppe entstanden dann später zwei unterschiedliche Populationen. Aus der einen Population wurden die neuzeitlichen Affen wie Schimpansen, Orang-Utans und Gorillas. Aus der anderen Population entwickelten sich die frühen Hominiden, die uns immer ähnlicher wurden. Vor 4 Millionen Jahren waren sie im Osten und Süden von Afrika weit verbreitet. Sie lebten in kleinen Gruppen und entwickelten neue Fähigkeiten, um mit den Gefahren am Boden zu Recht zu kommen. Vor 2,5 Millionen Jahren teilten sie sich in weitere Zweige auf. Ein Zweig entwickelte sich bis zum Homo sapiens, nachdem sich der Neandertaler 100.000 Jahre zuvor abgespalten hatte. Vor 40.000 Jahren erschien der Mensch in Europa, also nach dem Neandertaler und vor 30.000 Jahren starb dieser dann aus oder hat sich vielleicht auch mit dem modernen Menschen vermischt. Seither ist der Homo sapiens der einzige Überlebende des hominiden Zweiges der Evolution."

„Danach hat sich die Evolution von der biologischen Ebene auf die kulturelle und auf die technologische Ebene verlagert", bemerkte Jutta.

„Das ist richtig", stimmte Beat Kuni zu. Es mutierten nicht mehr die genetischen Strukturen, sondern die vorherrschende Zivilisation. Ihre Überzeugungen und Wertvorstellungen. Eine Mutation in der Gesellschaft so zu sagen. Selbst wenn die Menschen es nicht wissen, durchlaufen die von Menschen gebildeten Gesellschaften auch einen evolutionären Prozess, der dem biologischen Prozess entspricht. Zu Beginn ging die gesellschaftliche Entwicklung langsam voran. In der Steinzeit gab es kaum Neuerungen, aber ein hohes Maß an Stabilität. Die erste große Neuerung, eine gesellschaftliche Revolution, ereignete sich vor 10.000 Jahren durch die Domestizierung von Pflanzen und Tieren. Aus Jägern wurden Viehhirten und Bauern. Verzweigungen wurden durch technologische Fortschritte ausgelöst. Das Feuer, das Rad oder auch Werkzeuge. Aus bäuerlichen Gemeinschaften wurden gewaltige Reiche wie in Babylon, Ägypten, Indien oder China. Die Erfindung des Alphabets und des Zahlensystems und die soziale Schichtung waren Voraussetzung dafür. Vor 4.000 Jahren kam es zur nächsten Verzweigung an den Küsten des Mittelmeeres. Die Philosophie im klassischen Griechenland war die Wegbereiterin für eine gesellschaftliche Veränderung, in deren Verlauf mythische Vorstellungen durch Theorien ersetzt wurden, die durch Beobachtungen entstanden und durch logisches Denken weiter entwickelt wurden. Später veränderte das Christentum die klassische griechische Kultur. Die Religiosität des Mittelalters fügte eine göttliche Quelle hinzu.

Der Mensch als Schöpfung Gottes. Weitere Veränderungen traten im 17. Jahrhundert ein. Technologische Neuerungen ermöglichten das Industriezeitalter. Der Homo sapiens ist nun die vorherrschende Art auf der Erde. Seine Herrschaft ist allerdings nicht gesichert. Die Revolutionen laufen in einem immer schnelleren Tempo ab. In der Vergangenheit fanden Veränderungen auf lokaler, regionaler oder nationaler Ebene statt. Heute finden Revolutionen im globalen Bereich statt. Die gesellschaftliche Evolution hat planetarische Ausmaße angenommen."

„Für mich besonders spannend ist die Phase vor der Verzweigung. Wie läuft sie genau ab? Gibt es dabei unterschiedliche Phasen?" fragte ich etwas aufgeregt.

„Vor der Verzweigung haben wir vier Phasen", begann Beat Kuni, „In jedem System haben wir zunächst Anpassungsvorgänge mit vorübergehenden schwachen Destabilisierungen. In der Natur, wie in der Gesellschaft. Es sind meist Neuerungen in der Technologie, wie neue Werkzeuge oder Maschinen. Sie verbessern die Effizienz der Arbeit. Alles geschieht jedoch auf Kosten der Natur. Sie wird verstärkt ausgebeutet. Diesen Zustand würde ich als Phase 1 oder als Initialphase bezeichnen. Sie ist nicht durch das Auftreten anderer Arten oder durch Veränderung des Milieus bedingt. Für die gesellschaftliche Ordnung sind somit technologische Neuerungen eine zweischneidige Angelegenheit. Menschen erreichen dadurch eine Verbesserung ihrer Lebenssituation und erreichen dadurch ihre Ziele leichter. Auf der anderen Seite haben technische Neuerungen aber auch Folgen. Sie stellen etablierte Verfahren, gesellschaftliche Institutionen und Ideale in Frage. Sie haben negative Auswirkungen auf die Umwelt. Irgendwann übersteigt die Zunahme neuer Technologien die Belastbarkeit der traditionellen Strukturen einer Gesellschaft. Wir kommen dann in Phase 2. Ich nenne sie gerne Beschleunigungsphase oder Akzelerationsphase. Neue Rohstoffquellen werden erschlossen. Zur Energiegewinnung wird neben Holz auch Kohle eingesetzt. Zur Kohle kommt Erdöl. Immer mehr Menschen können produzieren und konsumieren. Es kommt dabei zu einem Bevölkerungswachstum. Dadurch erhöht sich der Verbrauch von Ressourcen weiter. Die bestehenden gesellschaftlichen Strukturen sind aber die alten geblieben. Sie haben sich nicht weiterentwickelt. Es fehlen besondere Fähigkeiten, diese Probleme zu lösen. Die Komplexität der Gesellschaft wächst und verstärkt dadurch ihre Instabilität."

„In welcher Phase befinden wir uns heute?" fragte ich weiter.

„Wir befinden uns jetzt in der 3. Phase, der kritischen Phase oder besser Chaosphase. Die technischen Neuerungen verbrauchen immer mehr Rohstoffe und lassen dadurch Abhängigkeiten zwischen Menschen und Staaten entstehen. Es findet ein zunehmender Austausch statt. Die staatlichen Verwaltungsstrukturen und Institutionen werden stark belastet. Je nachdem, ob Anpassungsvorgänge gelingen oder nicht, kommt es zu einer Aufspaltung der Gesellschaft. Sie teilt sich in fortschrittlich denkende oder bewahrende, in reiche oder arme und in mächtige oder unterprivilegierte auf. Nicht nur die Institutionen sind belastet, auch die Natur steht unter Druck. Sie leidet auf eine nicht vorhergesehene Weise. Wälder wachsen nicht mehr nach. Böden laugen aus, das Klima verändert sich, der Meeresspiegel steigt an, die Luft wird verschmutzt und atomare Belastungen nehmen zu. Die Chaosphase wird nun immer dramatischer. Es steht eine Entscheidung bevor. Welchen Weg wird die Gesellschaft nehmen? Der Status Quo lässt sich nicht halten. Es ist eine Form der Nichtnachhaltigkeit."

„Wann kommt die letzte Phase?" fragte ich.

„Die letzte, vierte Phase tritt ein, wenn instabile Zustände durch das bestehende System nicht mehr überwunden werden können. Dann kommt es zur Verzweigung. Die Systemveränderung wird zwar durch so genannte harte Technologien ausgelöst, entschieden wird sie aber durch sogenannte weiche Technologien, die Wissen und Werte beinhaltet. Dadurch kommt es entweder zum Zusammenbruch, der in Gewalt und Chaos endet oder zum Durchbruch, der eine besser angepasst Zivilisation entstehen lässt. Die Herausforderung liegt also darin, den Zusammenbruch zu verhindern und den Durchbruch zu schaffen. Im Gegensatz zur Natur kann der Mensch aber durch seinen Willen eine Verzweigung beeinflussen. Und viele Menschen haben dies bereits erkannt."

„Kannst Du das für uns genauer erklären, Beat?" fragte Jutta

„Das menschliche Bewusstsein ist keine konstante Größe. Es ist ständigen Veränderungen unterworfen. Es hat sich ja auch im Laufe von Jahrtausenden entwickelt. Das Bewusstsein ist viel stärker als der Körper. Materialismus, Konsum, Status und Wachstum verlieren an Bedeutung. Gefühle, Fürsorge, Authentizität und Gemeinschaft werden immer wichtiger. In Zukunft wird es die Nachhaltigkeit der Systeme, Selbstorganisation und die Zunahme der Spiritualität bei Zunahme des Wissens sein, was wichtig ist. Alles, was wir erleben, ist mit entsprechenden Hirnfunktionen verbunden. Diese Hirnfunktionen erzeugen Wellen im Quantenfeld. Dort gibt es Überlagerungen, so genannte Interferenzen, die andere Gehirne erzeugen. Die so entstehenden Interferenzmuster wirken wie Hologramme. Sie bleiben gespeichert. Gemeinschaften oder Kulturen legen damit ihre Hologramme an und können sich somit miteinander identifizieren. Immer größere Hologramme kommen hinzu und die Menschheit bildet ein kollektives Hologramm. Wir sind in der Lage, auf die in diesen Hologrammen gespeicherten Informationen zurückzugreifen. Am einfachsten ist es natürlich die Informationen unserer eigenen Hologramme zu bekommen. Ein Beispiel ist unser Langzeitgedächtnis. Wir können auch auf die Hologramme anderer Menschen zurückgreifen. Wir stehen somit in Kontakt mit anderen Menschen. Unser Gehirn ist in der Lage, mit den Hologrammen anderer Menschen in Resonanz zu treten. Menschen entwickeln ein höheres Maß an Empathie für andere Menschen und Kulturen, aber auch für Pflanzen und Tiere. Ich denke dabei an die Menschen traditioneller Gesellschaften, an die Ureinwohner Amerikas, die Maya, Cherokee, Hopi, Inka oder Inuit. Es wird gelingen, eine Zivilisation zu entwickeln, die auf Empathie, Vertrauen und Solidarität aufgebaut ist. Die Ausbreitung eines höher entwickelten Bewusstseins ist für die Zukunft der Menschheit von entscheidender Bedeutung. Dieses Bewusstsein muss viele Menschen erreichen, damit eine Umkehr stattfindet und ein Zusammenbruch verhindert wird."

Wir blickten hinaus. Es war dunkel geworden. Lichter wurden angeschaltet.

Das Bhagavatapurana ist eines der bedeutendsten Texte des Hinduismus. Die Botschaft ist, dass Vishnu und damit Krishna der höchste Gott ist. Vishnu wird als Bhagavan angeredet, die Anhänger des Vishnu werden Bhagavatas genannt. Krishna verliebte sich in Radha. Sie war eine der Kuhhirtinnen. Radha gilt als die Göttin der unbegrenzten Liebe.

16. Szene

Urknall

Buddha

Buddha war der neunte Avatar Vishnus und sein Name bedeutet der „Erwachte". Er wurde im 5. Jahrhundert vor Christus an der Grenze zum heutigen Nepal als Sohn eines Königs geboren. Sein eigentlicher Name war Siddhartha Gaudama. Als ein Astrologe fünf Tage nach der Geburt voraussagte, dass das Kind einmal der erwartete Buddha sein und mit dem Elend der Welt konfrontiert werde, beschloss der König, dass er in einem Palast leben solle, den er nie verlassen dürfe. Sieben Tage nach seiner Geburt starb seine Mutter und seine Großmutter kümmerte sich dann um das Baby. Mit 16 Jahren heiratete er. Dabei stellte er große Anforderungen an seine zukünftige Frau. Es war nicht einfach, aber schließlich fand sein Vater ein Mädchen für ihn. Sie bekamen einen Sohn und Buddha hatte immer stärkeres Verlangen, einmal den Palast zu verlassen und in die Stadt zu gehen. Der König ordnete deshalb an, dass alle alten und geplagten Menschen entfernt werden sollten, um den Sohn nicht zu belasten. Doch es kam anders. Es wurde berichtet, dass der Königsohn einen vom Alter gezeichneten Mann, einen Kranken, einen Leichnam und einen Bettler zu Gesicht bekam. Zunächst war die Stadt geschmückt worden. Nur junge und gesunde Menschen säumten die Straßen. Aber Buddha verließ die vorgesehene Route und nahm einen anderen Weg. Er fragte sich danach, ob alle Menschen alt würden, an Krankheiten leiden und sterben müssten. Ihm wurde erklärt, dass der Bettler alle materiellen Besitztümer aufgegeben hätte und sich der Erlangung absoluten Wissens widme. Erschöpft und in Gedanken versunken kehrte er wieder zurück in seinen Palast. Sein Vater versuchte ihn abzulenken und schickte die schönsten Mädchen des Reiches in den Palast. Sie sangen und tanzten vor ihm. Aber Siddhartha war nicht abzulenken. Später schlief er sogar ein. Danach hörten die Mädchen auf zu tanzen. Mitten in der Nacht wachte Siddhartha dann wieder auf und entschied, den Palast zu verlassen. Er sah seine Frau und sein Kind schlafend. Er ging noch in derselben Nacht aus dem Haus. Am nächsten Morgen zog er sein königliches Gewand aus und schnitt seine Haare ab. Seinen Diener schickte er wieder zurück. Er meditierte. Er lehrte seine Schüler die vier Wahrheiten. „Es gibt Leid. Leid hat eine Ursache. Leid kann aber überwunden werden, und es gibt eine Methode durch die man Freiheit von allem Leid erreichen kann. 80 Jahre lang reiste Buddha bis zu seinem Tod umher und predigte seine Überzeugungen.

Nach den heutigen Vorstellungen war der Kosmos nach dem Urknall in einem anderen Zustand als heute. Er war dichter und heißer und auch kleiner. Im Laufe der Zeit hat er sich immer weiter ausgedehnt und dadurch eine geringere Dichte und Temperatur erhalten. Die Relativitätstheorie und die Quantenphysik haben unsere Vorstellungen von der Zeit verändert. Der Zeitablauf ist für verschieden bewegte Beobachter unterschiedlich. Die Person im Raumschiff altert langsamer als sein auf der Erde gebliebener Partner. Auch der Begriff der Gleichzeitigkeit für verschieden bewegte Beobachter kann nicht allgemein definiert werden. Somit ist nicht nur das subjektive Erleben der Betreffenden, sondern der ganze Zeitablauf aller Vorgänge in verschieden gegeneinander bewegte Systeme unterschiedlich. In der Quantenphysik wird zwischen zwei Messungen der Zeitablauf strukturlos. Erst die Messungen selbst ermöglichen es anhand der Vorher-Nachher-Ergebnisse das Wesen der Zeit zu zeigen. Dieser Prozess ist auch für die Zeit des Urknalles gültig. Dort bestand eine strukturlose Einheit. Es gab kein vorher oder nachher. Es gab nämlich nichts, was unterschieden werden konnte. Daher kann die Wissenschaft über diesen Anfang kein Wissen haben. Wenn von den „Ersten Minuten des Urknalles" gesprochen wird, dann kann dies nur eine Metapher sein. Die Bibel beschreibt in der Schöpfungsgeschichte diesen Zustand als „wüst" und „leer". Das heißt, es bestand Strukturlosigkeit und es fehlten Objekte. Der Kosmos war undurchsichtig. Er war extrem heiß, die Materie war ionisiert. Das Licht konnte keine weiten Strecken zurücklegen. Es gab keine Atome. Lediglich Protonen und Elektronen, also negativ und positiv geladene Teilchen. Wasserstoff- und Heliumkerne flogen umher. Die freien Elektronen traten in Wechselwirkung mit den Lichtteilchen, den Photonen. Sie waren noch nicht an die Atome gebunden. Dabei strahlten sie Licht ab. Zu Zeiten des Urknalles war der Weg eines Photons extrem kurz. Durch die Abkühlung der Materie wurden immer mehr Elektronen an Atomkerne gebunden. Dabei kam es nach der Quantentheorie aber zu einer Änderung der Energiezustände. Nur noch ganz scharfe und voneinander exakt unterscheidbare Energiezustände waren noch möglich. Es konnten dann nicht mehr beliebige Elektronen mit den Photonen wechselwirken. Im Laufe der Zeit waren schließlich alle Elektronen an die Atomkerne gebunden. Das All wurde immer durchsichtiger. Das Licht wurde allerdings immer energieärmer. Als sogenannte Hintergrundstrahlung existiert es noch immer. Sie enthält Informationen über den Zustand des damaligen Kosmos. Zunehmend entstanden jetzt auch Objekte.

Im weiteren Verlauf kam jetzt auch der Zeitbegriff ins Spiel, weil von nun ab ein Vorher und ein Nachher in Erscheinung trat. Die Abkühlung eines Gases nach seiner Ausdehnung kennt jeder, der einmal eine Spraydose benutzt hat. Dieser

Vorgang lässt sich auf Licht übertragen. Damit ein Objekt im All erkennbar wird, muss es sich von der überall vorhandenen Strahlung unterscheiden. Es muss nämlich heißer als seine Umgebung sein oder einen Schatten werfen. Da die Strahlung aus allen Richtungen gleichermaßen zu uns kommt, ist eine Schattenbildung nicht möglich. Also kann man nur solche Objekte sehen, die wesentlich heißer sind als der Hintergrund. Dadurch sind sie auch heller.

Die ersten drei Elemente des Kosmos waren Wasserstoff, Helium und Lithium. Mit diesen Elementen waren keine Chemie und erst recht keine Biologie vorstellbar. Woher kamen dann die anderen Elemente? Alle anderen Elemente entstanden im Inneren der Sterne durch die Energiefreisetzung. Die ersten Objekte, die im All entstanden sind, waren die „Schwarzen Löcher". Dort ist im frühen Universum Materie kollabiert. Die Schwerkraft ist dort extrem stark. Nichts kann von Innerhalb nach Außerhalb gelangen. Auch nicht das sichtbare Licht. Deshalb ist das Objekt vollkommen schwarz.

Ein Stern entsteht dadurch, dass eine große Gaswolke unter ihrer eigenen Schwerkraft kollabiert. Das Innere des entstehenden Sterns erhitzt sich unter dem ungeheuren Druck der äußeren Schichten so stark, dass Atomkerne schmelzen. Dadurch werden schwerere Atomkerne aufgebaut. Dieser Prozess endete beim Eisen. Schwerere Elemente entstanden damals nicht. Wenn ein Stern allerdings größer als die Sonne wurde, dann wurden noch gewaltigere Energien freigesetzt. Dadurch konnten weitere Elemente entstehen bis zum Uran. Danach explodierte er. Wir nennen solche Gebilde Supernova. In unserer Milchstraße war die letzte Explosion im 16. Jahrhundert. Die Explosion einer Supernova ist Voraussetzung dafür, dass sich überhaupt Planeten um Sterne bilden können. Möglicherweise müssen mehrere Explosionen einer Supernova stattgefunden haben. Auch heute noch finden Neubildungen von Sternen und Planeten aus Gas und Staub statt. In den Gas- und Staubwolken sind bereits viele chemische Verbindungen nachweisbar. Aminosäuren und Zuckermoleküle. Sie sind Bestandteile der Bausteine unseres Erbgutes. Schwermetalle wirken wie Katalysatoren und ermöglichen erste chemische Reaktionen.

Vor etwa 4,5 Milliarden Jahren hat sich aus einer Gas- und Staubwolke unser Sonnensystem mit seinen Planeten gebildet und eine Milliarde Jahre später hat sich auf der Erde das erste nachweisbare Leben entwickelt. Es handelte sich dabei um einzellige Lebewesen. Sie haben sich später zu Vielzellern weiterentwickelt. Das Charakteristikum von Lebewesen ist, dass sie durch eine Zellwand von Ihrer Umwelt getrennt sind. Gleichzeitig entstand ein Informationsaustausch mit dieser Umwelt. Außerdem mussten sie einen Stoffwechsel besitzen und sie entwickelten die Fähigkeit der Fortpflanzung. Die Zelle musste auch die Möglichkeit der Informationsspeicherung besitzen. Dies geschah im Zellkern. Dafür bildeten sich Moleküle, die DNS genannt werden. Diese DNS wird in den Genen konzentriert. Bei Bedarf kann sie abgerufen werden. Die DNS kommt je zur Hälfte von Mutter und Vater. Neben dieser DNS des Zellkerns gibt es noch eine weitere Form von DNS in den Mitochondrien. Sie sind die Kraftwerke in den Zellen und liefern die benötigte Energie. Allerdings stammt diese DNS ausschließlich von der Mutter. Die väterliche DNS wird nicht zugelassen. Mitochondrien ähneln vom Aussehen Bakterien. Der Einzeller kooperierte gewissermaßen einstmals mit einem Bakterium.

Die Entstehung von Mehrzellen stellte für die Informationsverarbeitung eine neue Herausforderung dar. Es wurde deshalb die Entwicklung von Nervenzellen notwendig. Sie funktionieren wie Schalter von Elektrosystemen. Von nun an sind komplexe Reaktionen möglich. Bereits bei den Würmern gibt es ein Nervensystem. Ein besonders großes Gehirn bildeten dann die Wirbeltiere aus. Die bewusste Informationsverarbeitung stellt allerdings den kleinsten Teil seiner Aktivität dar. Das Gehirn organisiert vielmehr die Abläufe in unserem Körper. Von der Temperaturkonstanz, der Kreislaufregulation über die hormonelle Regulation bis zur Verarbeitung emotionaler Impulse. Die meisten Vorgänge sind uns nicht bewusst und vieles können wir nicht willentlich beeinflussen. Wir können allerdings vieles trainieren, wie ein Yogi. Sie sind sogar in der Lage Blutdruck und Puls zu steuern.

Der Mensch ist ein Wesen, das zur Selbstreflexion fähig ist. Er nimmt damit eine Sonderstellung in der Evolution ein. Diese Ausnahmestellung des Menschen wurde oft mit seinem Gehirn und dessen Größe begründet. Das Gehirn eines Gorillas wiegt weniger als die Hälfte unseres Gehirns, Ein Elefant, ein Wal, aber auch ein Delphin hat allerdings ein noch größeres Gehirn als wir. Der Mensch besitzt aber bezogen auf seine Körpergröße ein größeres Gehirn als alle Tiere. Die Entwicklung der Gehirne von unseren Vorfahren zum modernen Menschen geht Hand in Hand mit einer zunehmend komplexeren Sozialstruktur. Diese ist bereits bei den Menschenaffen sehr ausgeprägt. Während ihr Hirngewicht noch bei etwa 500g liegt, haben heutige Menschen eine Hirnmasse von 1350g. Im Gegensatz zu anderen Säugetieren ist der Mensch nach seiner Geburt ohne die Pflege seiner Eltern nicht lebensfähig. In der Geschichte der Menschheit kam es vor über einer Million Jahren zu einer starken Zunahme des Gehirns und damit des Kopfumfangs, so dass der geburtsmechanische Ablauf für die Mutter immer komplikationsreicher wurde. Der Geburtszeitpunkt des Babys wurde deshalb soweit vorverlegt, dass eine Geburt mechanisch gerade noch möglich war, obwohl die Gehirnentwicklung im Gegensatz zu anderen Säugetieren noch nicht ausgereift war. Diese „unreifen" Babys benötigen deshalb nach der Geburt eine intensive Betreuung und die Versorgung des Kindes durch die Mutter erhält dadurch eine große Bedeutung. Eine gut funktionierende Sozialstruktur war zum Überleben sehr wichtig. Möglicherweise ist dies einer der Gründe, warum der Neandertaler, der vor dem modernen Menschen aus Afrika in Europa angekommen war, von diesem später verdrängt wurde.

Die Rolle der Gefühle für das Bewusstsein und das Handeln wird in der Forschung heute immer stärker beachtet. Unter dem Großhirn liegt ein zweites Gehirnareal, das entwicklungsgeschichtlich älter ist und den Hirnstamm umschließt. Es wird als Limbisches System bezeichnet. Anatomisch und funktionell ist dieser Gehirnteil ein sehr heterogenes Gebilde. Dieser Hirnbereich ist Sitz unserer Affekte und Emotionen. Alle eingehenden Informationen werden bewertet und mit einer Bedeutung für das Individuum versehen. Diese Bewertung der eingehenden Informationen erfolgt durch einen Abgleich mit bereits vorhandenen Informationen in unserem Gedächtnis. Die Bewertung ist allerdings abhängig von Körperzuständen. Durch eine sehr enge Zusammenarbeit zwischen Großhirn und Limbischen System werden Vorgänge bewusst. Wahrnehmung und Gefühl werden verknüpft. Wahrnehmung, Denken und Erinnern können nicht mehr von Emotionen getrennt werden. Die emotionale Wirkung des Wahrgenommenen auf das Individuum wird je nach seiner Bedeutung als Faktenwissen in der linken Gehirnhälfte oder im biografischen Gedächtnis rechts, dem emotionalen Gedächtnis abgespeichert. Aufgrund der starken Vernetzung des Gehirns und der internen Informationsverarbeitung ist das Gehirn im Wesentlichen mit sich selbst beschäftigt. Dies führt dazu, dass ankommende Informationen sehr intensiv und unter verschiedenen Gesichtspunkten miteinander verglichenen werden.

Alles, was wir erleben, alle Wahrnehmungen, unser Denken und Fühlen sind mit entsprechenden Hirnfunktionen verbunden. Sie erzeugen Wellenmuster. Diese Wellen pflanzen sich durch das Quantenfeld fort und überlagern sich mit den Wellen anderer Lebewesen. Dabei entstehen komplexe Hologramme. So haben viele Generationen von Menschen ihre holografischen Spuren hinterlassen. Einzelne Hologramme summieren sich zu Summenhologrammen, die das Hologramm eines Kollektivs bilden. Kollektive Hollogramme bilden den Informationspool der gesamten Menschheit. Zu allererst lesen wir unsere eigenen Hologramme. Die Informationen unseres Gehirns und unseres Körpers. Dies ist die Grundlage unseres Langzeitgedächtnisses. Dadurch wird die Beschränkung der Informationsspeicherung in einem Gehirn beschränkter Größe beseitigt. Das Gehirn selbst hat nicht die Informationsverarbeitungskapazität, die nötig wäre, die Erfahrungen eines ganzen Lebens zu erzeugen und abzuspeichern. Aber nicht nur wir selbst, sondern auch andere Menschen haben Zugang zu unseren Hologrammen. Es sind Menschen zu denen wir in Beziehung stehen oder emotional verbunden sind. Mütter und Kinder oder Lebenspartner kommunizieren auf diese Weise. Der Normalfall ist der, dass wir nur die Informationen bekommen, die von uns selbst stammen. Das muss so sein, denn sonst würden wir mit Massen von Informationen überhäuft und unser Gehirn wäre vollständig blockiert. Der Strom der Erfahrungen anderer Menschen wäre überwältigend. Unser Gehirn schützt uns davor. In veränderten Bewusstseinszuständen allerdings wird dieser Filter „durchlässiger". In diesem Zustand erhalten wir zusätzliche Informationen. Unser Bewusstsein war nicht immer so, wie es heute ist.

Während sich der menschliche Körper in den letzten 100.000 Jahren wenig verändert hat, hat sich unser Bewusstsein sehr wohl verändert. Und es wird sich weiter entwickeln. Von der ichgebunden zur transpersonellen Form. Transpersonelles Bewusstsein öffnet uns für mehr Informationen. Wir entwickeln mehr Verständnis für unsere Umwelt. Und es wird weitergehen. Der ganze Kosmos wird einbezogen werden. Eine Gesellschaft, die sich durch ein transpersonelles Bewusstsein auszeichnet, verliert ihre materialistische und selbstsüchtige Haltung immer mehr. Nationales Denken verliert an Bedeutung. Verständnis und Respekt für andere Völker und Kulturen entwickelt sich stärker. Ist diese Perspektive utopisch? Nein, aber die Entwicklung der Erde wird gleichzeitig auch von anderen Faktoren beeinflusst. Umweltfaktoren und das Wachstum der Weltbevölkerung sind entscheidende Hindernisse.

Buddha ist der Prototyp einer solchen Entwicklung. Sein Leben war zu Beginn stark materialistisch ausgerichtet. Informationen über seine Umwelt erreichten ihn nicht, im Gegenteil, sie wurden bewusst zurückgehalten. Im Laufe seines Lebens drangen doch Informationen von außen zu ihm. Das Verlangen, mit der Außenwelt zu kommunizieren, wurde immer stärker. Nachdem der Kontakt hergestellt worden war, kam es innerhalb kurzer Zeit zu einer Neuausrichtung seines Lebens. Er wendete sich völlig von materiellen Dingen ab und führte von nun an ein spirituelles Leben.

17. Szene

Schwäne

Kalki

Kalki ist der zehnte und letzte Avatar Vishnus. Er ist ein zukünftiger Avatar. Nach der Legende wird er erscheinen, um, wie es heißt, „die korrupten Herrscher und Barbaren zu töten und Gesetz und Tugend wieder herzustellen". Danach wird ein neues Zeitalter beginnen. Er wird als Reiter auf einem weißen Pferd dargestellt. Kalki wird auf seinem schnellen Pferd Devadatta sitzen. „Mit seinem Schwert in der Hand, geschmückt mit göttlichen Eigenschaften, wird er über die Erde reiten. Er reitet mit großer Geschwindigkeit und tötet alle Verbrecher, die sich wie Könige kleiden."

Ich sitze im o.T. Dino hat mir eine neue Cocktail-Kreation zubereitet. Einen Elefantenkaffee. Ich war heute früh ein bisschen erkältet aufgewacht. Dino meinte, er kenne da ein gutes Mittel, eben diesen Elefantenkaffee. Er nimmt Amarula-Likör und gießt heißen Kaffee dazu und setzt eine Haube steif geschlagener Sahne darauf und bestreut das Ganze mit Schokostreusel. Amarula ist eine gelbe Frucht mit hohem Vitamin C-Gehalt aus Südafrika. Jutta ist zur Fortbildung in Hannover. Sie trifft sich mit ehemaligen Teilnehmern ihres Studiums zum Gedankenaustausch. Morgen wird sie zurückkehren. Ich lese in der Zeitung und blicke zeitweise aus dem Fenster. Immer wieder sehe ich Schneeflocken. Dieses Jahr kommt der Winter früh.

Plötzlich sehe ich Soraya an der Fensterfront vorbeigehen. Dann steht sie vor mir und reicht mir die Hand. Wir setzen uns. „Ich habe Dich im Ballett in Schwanensee gesehen. Du hast die Odette getanzt. Es war so großartig." Sie lächelte. „24 Schwäne gleichzeitig auf der Bühne und alles so perfekt aufeinander abgestimmt."

„Wir haben lange geübt, bis alles so perfekt war. Wie fandst Du meine Verwandlung zu Odile, der Tochter des unbekannten Ritters?"

„Ich glaube, es ist nicht einfach, das zu bewältigen."

„Es ist eine Traumrolle. Sie hat so viele verschiedene Seiten, die man von sich selbst einbringen kann. Der weiße und der schwarze Schwan. Der weiße Schwan ist lieb und sanft. Der schwarze hinterhältig. Er spielt mit dem Prinzen, durch bösen Zauber verhext. Der schwarze Schwan ist berechnend."

„Das habe ich auch beim Tanz so gesehen. Der weiße Schwan ist ruhiger und verspielter, der schwarze dagegen kräftiger und energiegeladener."

„Aber vielleicht hast Du auch gesehen, dass der schwarze Schwan Elemente des weißen Schwans besitzt, denn er soll ja den Prinzen verführen."

„Ja, er hat beides in sich. Am meisten aber hat mich die Aussichtslosigkeit des Stücks bewegt. Eigentlich haben beide nie eine Chance zueinander zu kommen und trotzdem versuchen sie es. Das wird ganz besonders am Schluss des Stückes deutlich. Odette hat keine Kraft mehr, sie weiß auch, dass alles vorbei ist, aber sie bewegen sich wieder aufeinander zu und versuchen die Hände zu fassen."

„Da sagst Du etwas ganz wichtiges. Es ist ein Ballett, in dem viel mit den Händen passiert. Die Hände und ihre Bewegungen sind enorm wichtig."

„Du hast ja nur wenig Zeit nach dem dritten Akt, Dich in den schwarzen Schwan zu verwandeln. Wie kannst Du Dich so schnell umstellen? Du musst Dich ja auch umziehen."

„Das ist nicht so schwer, weil mir der schwarze Schwan mehr liegt als der weiße. Ich rutsche von alleine in diese Rolle."

Sie lächelt. Ich denke an die Bewegungen der Schwäne, wie sie im Hintergrund verschwinden, nachdem der Zauberer sie verwandelt hatte. „Wie geh es Dir?" frage ich. „Gut. Morgen kommt meine Familie aus Spanien zu Besuch. Sie glauben, ich brauche etwas Abwechslung. Vielleicht. Und Du? Schreibst Du an einem neuen Buch?" „Ja, es wird etwas ganz besonders. Du wirst auch darin vorkommen. Ich bin gespannt, wie es Dir gefallen wird."

Plötzlich steht Siggi neben uns. Sie reicht mir die Hand. Einen Moment kämpfe ich damit, ihr wenigstens die Hand zu küssen. Sie lächelt. „Wir sehen uns wieder", ruft sie und flugs ist sie wieder weg.

Auch Siggi lächelt, nein, es ist eher ein Grinsen. „Du wirst doch nicht untreu werden?"

„Keine Angst, Siggi, sie kommt und geht. Niemand kann sie halten."

Wie geht's Dir Andy? Was machst Du so? Letztes Mal hast Du Dich ja hier kräftig ins Zeug gelegt, mit der Wiederbelebung.

Hat mich sehr beeindruckt. Heute ist es hoffentlich ruhiger. Bist Du immer noch mit der Quantenphysik beschäftigt? Dino! Bitte eine Margarita!" Wir setzen uns und ich schaue ihn an.

„Die Quantenphysik beschäftigt mich immer noch. Es gibt so viele verschiedene Aspekte. Manche Dinge sind allerdings auch für mich schwer verständlich."

„Die Nichtlokalität brachte die Grundlagen der Physik ins Wanken", begann Siggi. „Die Welt ist ein komplexes Netz von mit einander abhängiger Beziehungen, die auf ewig untrennbar miteinander verwoben sind. In der klassischen Physik galt der Experimentator als getrennte Einheit, als stiller Beobachter hinter Glas, der versuchte, die Vorgänge im Universum zu verstehen, die unabhängig davon abliefen, ob er sie beobachtete oder nicht. In der Quantenphysik entdeckte man aber, dass alle Möglichkeiten eines Teilchens in eine bestimmte Realität münden, sobald dieses Teilchen beobachtet und gemessen wird. Um diesen seltsamen Vorgang zu erklären, haben die Quantenphysiker angenommen, dass zwischen dem Beobachter und dem beobachteten Objekt eine Wechselwirkung besteht. Diese Beobachtung hat auch die Vorstellungen von unserer Wirklichkeit total erschüttert. Die Schlussfolgerung ist nämlich die, dass das Bewusstsein des Beobachters das beobachtete Objekt erst ins Dasein bringt. Nichts existiert für sich, wir erschaffen unsere Welt selbst."

„Die klassische Physik hatte keine Antworten auf so viele fundamentale Fragen gefunden", fuhr ich fort. „Wie funktioniert unser Denken? Wie arbeiten die Zellen miteinander. Wie entwickeln sich Organe oder Gliedmaßen? Alle Erkenntnisse zielen auf einen Punkt. Das Individuum beeinflusst die Welt und umgekehrt. Außerdem gibt es ein riesiges Energiereservoir. Das Quantenfeld. Alles ist permanent in Bewegung. Das Universum ist ein Meer von Quantenfeldern."

„Du hast Recht", stimmte Siggi zu. „Was wir immer für ein stabiles statisches Universum gehalten haben, ist in Wirklichkeit ein gigantischer Austausch von Energie mit ständig wechselnden Zuständen. Die Physiker bezeichnen diese Energie etwas missverständlich als Nullpunktenergie. Diese Energie ist nämlich noch am absoluten Nullpunkt von minus 273 Grad Celsius nachweisbar. Bei dieser Temperatur sollte ja eigentlich keine Bewegung mehr stattfinden. Die Nullpunktenergie ist die Energie, die übrigbleibt, wenn der Raum so leer und die Energie so niedrig wie möglich ist, so dass sie nicht mehr weiter verringert werden kann. Nach der Unschärferelation muss es aber immer noch eine Restbewegung geben durch den Teilchenaustausch. Wir haben sie ja früher bei unseren mathematischen Berechnungen immer abgezogen. Die Begründung war, dass die Nullpunktenergie ja allgegenwärtig sei."

„In der Welt der Quantenphysik kommen Felder nicht durch Kräfte, sondern durch Austausch von Energie zustande. Dieser Energieaustausch summiert sich zu einer ständigen Hin und Her von Energie wie bei einem Pingpongspiel. Es ist wie beim Geld, das Du verleihst. Du gibst einen Euro. Du bist dadurch einen Euro ärmer, der andere einen Euro reicher. Er gibt Dir den Euro wieder zurück und die Rollen sind wieder vertauscht. Die Nullpunktenergie jeder Transaktion ist sehr gering. Aber, wenn man alles zusammenrechnet, dann ergibt sich eine riesige Energiequelle. Alles läuft unauffällig ab im Hintergrund des leeren Raumes, der uns umgibt. Richard Feynman hat den Vergleich geliefert. Die Energie reicht locker aus, alle Ozeane zum Kochen zu bringen."

„Die Energie aus dem Nullpunktfeld hält bei den Atomen die Elektronen auf ihrer Bahn um den Kern. Ohne diese Energie würden die Elektronen in den Kern stürzen. Das Nullpunktfeld ist verantwortlich für die Stabilität der gesamten Materie."

„Wie ist es mit der Erklärung der Schwerkraft? Generationen von Physiker, auch Albert Einstein, haben versucht, sie zu erklären. Sie gilt als das Waterloo der Physik."

„Sacharow hat vor über 40 Jahren die Überlegung angestellt, dass die Schwerkraft eine Folge des Nullpunktfeldes sein könnte, verursacht durch Veränderungen in diesem Feld. Die Materie schwingt auf Grund der Wechselwirkungen mit dem Nullpunktfeld. Dadurch entsteht ein elektromagnetisches Feld, denn alle Teilchen besitzen eine elektrische Ladung. Dieses Feld ist die Ursache der Anziehungskraft und letztendlich kommt dadurch die Schwerkraft zustande."

Wir schweigen eine Weile. Meine Halsschmerzen waren verschwunden. Ich dachte an Soraya. Leute gingen ein und aus. Angezogen mit dicken Mänteln, denn es war ja kalt. Warum kam ich immer gerne wieder hier her? Zum Beobachten. Schauen. Sich erinnern. Ohne Gedächtnis wäre alles leer. Alles verschwommen. Es gäbe keine Bezüge zueinander mehr. Der Alzheimerpatient weiß und kann nichts mehr. Aber, wie geht das mit dem Gedächtnis?

„Hast Du eigentlich die Sache mit der Holografie richtig verstanden? Wie macht das Gehirn aus Wellen ganze Bilder?" begann ich.

„Das funktioniert wie ein Laser-Hologramm. Der Laserstrahl ist gespalten. Ein Teil wird von einem Gegenstand reflektiert, der andere Teil des Laserstrahls wird von verschiedenen Spiegeln zurückgeworfen. Dann werden alle Strahlen wieder zusammengesetzt und auf einen Film übertragen. Zunächst sind da nur Schnörkel und Kreise drauf. Wenn Du jetzt wieder einen Laserstrahl darauf richtest, dann erkennt man ein vollständiges, unglaublich detailliertes, dreidimensionales, virtuelles Bild des im Raum schwebenden Gegenstandes. Vielleicht hast Du ja im ersten Star-Wars-Film Prinzessin Leia gesehen. Wellen verschlüsseln Informationen und ein Laserstrahl, der ja nur Licht einer einzigen Wellenlänge erzeugt, ist eine perfekte Quelle für die Erzeugung von Interferenzmustern. Wenn beide Hälften des geteilten Laserstrahls auf einen Film treffen, dann überträgt die eine Hälfte die Information der Lichtquelle und die andere Hälfte zeigt den Gegenstand. Eine ganz wichtige Eigenschaft der Hologramme besteht darin, dass jeder noch so winzige Teil die gesamte Information enthält. Wenn Du den Bildträger in winzige Teile verschnippelst, und irgendein Teilstück mit dem Laser anstrahlst, dann hättest Du doch das gesamte Bild des Gegenstandes. Das ist der Trick, den Dein Gehirn macht."

„Wie?"

„Quantenwellen haben die Fähigkeit, riesige Mengen an Information als Gesamtheit dreidimensional so zu speichern, damit unser Gehirn diese Informationen lesen kann. Mit diesen Informationen erschaffen wir unsere Welt. Wenn wir die Welt sehen, dann synchronisieren wir die Wellen der Objekte mit unseren Schwingungen. Die Welt zu erkennen bedeutet, dass wir uns dann selbst auf ihrer Wellenlänge befinden. Wir projizieren ständig Bilder in die Welt. Die Welt ist virtuell."

„Gibt es auch einen Filter"?

„Es muss einen Filter geben. Theoretisch haben wir ja unbegrenzte Welleninformationen. Wir würden ständig quasi bombardiert werden. Wir reagieren deshalb nur auf eine begrenzte Anzahl von Frequenzen."

„Und wo findet diese Signalumwandlung statt?"

„Es sind keine bestimmte Zellen, in welchen die Signalumwandlung stattfindet, es ist der Raum zwischen den Zellen. Die Signale folgen den Mikrotubuli. Das sind röhrenförmige Strukturen, die das Skelett der Zelle bilden. Zum einen sorgen sie für Stabilität der Zelle und geben ihr ihre Form zum anderen ist es auch ein Transportsystem zwischen den Zellen. Über sie läuft die Kommunikation ab. Dies erklärt auch die Schnelligkeit der Prozesse. Die Biologie ist ein Quantenprozess. Alle Vorgänge im Körper, insbesondere die Zellkommunikation werden durch Quantenprozesse gesteuert. Du weißt ja inzwischen, dass das Langzeitgedächtnis gar nicht in unserem Gehirn existiert. Es ist im Quantenfeld gespeichert. Das ist auch die Erklärung, warum eine kurze Assoziation zu einer riesigen Menge von Daten wie Bilder, Klänge oder Gerüchen führt. Und die Datenübertragung ist unglaublich schnell. Augenblicklich ist alles vorhanden."

„Wir haben immer gedacht, unser Gehirn sei ein Speichermedium. Jetzt stellt sich heraus, dass es ein Empfangsmedium ist. Wie ist es mit der Kreativität? Ist es die Fähigkeit, rasch mit dem Quantenfeld in Verbindung treten zu können?"

„So könnte man es formulieren. Wenn wir ständig mit dem Quantenfeld Verbindung haben und von dort alle unsere Informationen bekommen, wenn wir ständig mit anderen Lebewesen kommunizieren, dann stellt sich die Frage, wo unsere

Grenze ist und wo beginnt der Rest der Welt. Wo ist das Bewusstsein? In unserem Körper? Oder etwa im Quantenfeld? Es gibt dann eigentlich gar kein Draußen mehr, wenn wir mit der Welt so eng verbunden sind. Die Menschen sind nicht von ihrer Umgebung zu trennen."

Dino erschien und fragt, ob wir noch einen Drink wollten. Jetzt hatte ich auch Lust auf eine Margarita. Wir saßen da und blickten auf die Welt. Leute gingen weiter ein und aus. Was wir in der Schule über die Welt gelernt hatten, war unvollständig. Die Kommunikation der Welt vollzieht sich nicht im sichtbaren Reich von Newton, sondern in der subatomaren Welt von Heisenberg. Zellen und ihre Strukturen kommunizieren über Wellen miteinander. Das Gehirn empfängt seine Bilder von der Welt in Form von pulsierenden Wellen. Das Universum verfügt über ein Speichermedium, das die Voraussetzung dafür schafft, dass alles mit allem kommunizieren kann. Das lebende Bewusstsein ist keine isolierte Einheit. Jeder einzelne ist Teil des Ganzen.

Die zehn Avatare Vishnus sind ein Symbol für die Stufen der Entwicklung des menschlichen Bewusstseins. Kalki repräsentiert die zukünftige Bewusstseinsstufe.

18. Szene

Kinder

Gilgamesch

Gilgamesch, König von Uruk, war ein Tyrann. Er unterdrückte sein Volk. Er versklavte die Männer und vergewaltigte deren Frauen. Er ließ eine fast 10km lange Mauer um die Stadt bauen mit 900 Türmen. Die Situation war unerträglich, weshalb die Menschen die Götter um Hilfe baten. Gilgamesch besaß allerdings außergewöhnliche Kräfte. Er war zu einem Drittel ein Mensch und zu zwei Dritteln göttlich. Aber er war sterblich und deshalb auf der Suche nach der Unsterblichkeit. Die Götter wollten den Menschen helfen. Um den Herrscher zu bändigen, brachten die Götter Enkidu auf die Welt. Ein Jäger berichtete Gilgamesch von der Ankunft dieser wilden Gestalt. Gilgamesch schickte eine Frau zu ihm, eine Tempeldienerin, sie sollte ihn verführen. Enkidu verliebte sich in sie und war bereit, mit ihr in die Stadt zu kommen. Enkidu hatte zuvor mit den Tieren gelebt und sie vor den Jägern und Fallenstellern geschützt. Die Tiere trennten sich nun von ihm und liefen in die Weite der Steppe. Die Tempeldienerin führte Enkidu in die Zivilisation ein. Sie zeigte ihm, wie Menschen sich ernähren und ein Barbier schnitt ihm die Haare. Hirten berichteten ihm die Gräueltaten des Gilgamesch. Jetzt wollte er so rasch wie möglich in die Stadt. Beide trafen in Uruk aufeinander. Sie kämpften gegeneinander, aber keiner siegte. Beide waren völlig erschöpft, aber sie waren noch am Leben. Sie beschlossen, Freunde zu werden. Leider war dadurch das Problem nicht gelöst. Die Stadt litt jetzt unter Gilgamesch und Enkidu. Die Menschen flehten weiter zu den Göttern. Die schickten nun ein Ungeheuer. Es sollte beide töten. Es sah fürchterlich aus. Gilgamesch und Enkidu töteten aber das Ungeheuer. Die Götter waren entsetzt. Eine List musste her. Eine Göttin sollte nun Gilgamesch verführen. Er wies sie aber zurück. Die Götter waren weiter ratlos. Dann schickten sie den Himmelsstier. Der richtete schlimme Verwüstungen in der Stadt an. Beiden gelang es schließlich, auch ihn zu töten. Als nächstes brachten die Götter eine Krankheit in die Stadt. Enkidu starb an dieser Krankheit. Gilgamesch war verzweifelt. Sein Freund war gestorben. Bald würde auch er sterben. Er konnte nicht mehr in Uruk bleiben. Er würde auf Wanderschaft gehen. Er wollte das Geheimnis des Lebens herausfinden. Er irrte allein durch die Weite der Steppe. Er war schließlich völlig verwahrlost. Er machte sich auf die Suche nach seinen Vorfahren. Einer hatte die Sintflut überlebt und war dadurch unsterblich geworden. Er hatte ein Schiff gebaut. Dafür musste er allerdings sein Haus abreißen, um das nötige Baumaterial zu bekommen. In dieses Schiff führte er zuerst die Tiere der Steppe und dann seine Familie. Alle überlebten die Katastrophe. Er durfte dafür auf einer göttlichen Insel leben. Gilgamesch fand seinen Urahn am Ende der Welt. Er wollte jetzt selbst unsterblich werden. Dieser schlug ihm einen Schlaftest vor. Er sollte sieben Tage und Nächte wach bleiben. Er bestand den Test nicht und schlief schon nach kurzer Zeit ein. Danach riet ihm sein Urahn eine Pflanze zu suchen, die ewige Jugend bewirken sollte. Gilgamesch fand diese Pflanze, aber auf dem Rückweg nach Uruk wurde sie von einer Schlange gefressen. Die Schlange verjüngte sich tatsächlich. Gilgamesch war zurück in Uruk. Er erkannte, dass die ungeheure Stadtmauer ihn tatsächlich unsterblich gemacht hatte.

Wir sind auf dem Weg ins große Automuseum. Wir, das sind Pia und Nick, meine Nichte, mein Neffe und ich. Heute wollen wir uns in Ruhe alles ansehen. Uns richtig Zeit lassen. Autos ansehen, auch die ganz alten, denn sie faszinieren uns noch immer. Wie hatte es doch einst der letzte Kaiser formuliert: „Das Pferd bleibt immer. Das Automobil ist nur eine vorübergehende Erscheinung". Im obersten Stockwerk findet der Umstieg vom Pferd auf Kutschen mit Motoren statt. Das alles spielt sich in einem Gebäude ab, in dem man oben beginnend sich spiralig nach unten bewegt. Alles ist immer in Bewegung. Vor allem die Besucher. Einmal sind wir wieder zurück nach oben gelaufen, weil wir das Motorboot übersehen und Leute davon erzählt hatten. Schließlich waren wir unten angekommen. Wir waren dann doch ein bisschen müde. Pia hatte Hunger. Wir setzten uns ins Restaurant. Es gab Spaghetti für die Kinder und ein Steak für den Onkel. Wir fühlten uns wohl. „Hat es euch gefallen?", fragte ich. „Ja, Onkel Andy", tönte es sofort. Ich überlegte mir, wie ich die beiden heim bringe, da fragte Pia: „Onkel Andy, Du hast so viele Bücher auf Deinem Schreibtisch liegen. Überall steht etwas von „Quanten". Was ist das denn?" „Und Schröders Katze. Was ist das für eine Katze?" fragte Nick aufgeregt. „Nun, dann bleiben wir noch etwas sitzen und sprechen auch noch über dieses Thema", sagte ich dann.

„Bei den Quanten geht es um Physik. Physiker, das sind die Leute, die genau berechnen können, wie schnell ein Apfel vom Baum fällt. Oder, wie schnell ein Auto um die Kurve fahren kann, ohne dass es umfällt. Die wissen auch, wie weit der Mond von der Erde entfernt ist und welche Namen die Sterne haben. Die Physiker haben auch herausgefunden, wie die Erde aufgebaut ist. Die Erde ist aus ganz winzigen Teilchen aufgebaut, die sie Atome genannt haben. Sie haben immer weiter geforscht und schließlich unglaubliche Dinge gefunden, die sie zunächst selbst nicht glauben konnten.

Wir haben vorher die vielen Autos angesehen. Ihr beide habt sie auch gesehen. Ich habe sie gesehen. Aber, was passiert, wenn wir wegschauen? Sind dann die Autos auch noch da? Die Leute, die sich mit Quantenphysik beschäftigen, sagen nein. Sie sind weg. Das hängt zusammen mit den Teilchen und der Welle. Aber, das ist ziemlich kompliziert. Habt ihr noch Hunger?" Die Spaghetti waren aufgegessen, am Mund war noch etwas Tomatensauce. Sie schauten mich mit großen Augen an.

„Was, die Autos sind weg, wenn wir nicht draufschauen?" fragte Nick und schüttelte den Kopf. „Wir hätten sie anfassen sollen, dann hätten wir es ja gemerkt, aber das war ja nicht erlaubt", bemerkte Pia trocken.

„Ja, die Forscher waren selbst entsetzt. Es wurde immer stärker, je mehr sie entdeckten. Einer hat mal gesagt: "Wer über die Quantentheorie nicht entsetzt ist, hat sie möglicherweise nicht verstanden."

„Onkel Andy, Du machst es aber spannend. Sag schon, was haben die entdeckt?" fragte Pia ziemlich aufgeregt.

„Also, das erste, was sie herausgefunden haben, war, dass eine Lampe nicht gleichmäßig scheint, sondern das Licht in kleinen Licht-Paketen abgegeben wird. Diese Pakete haben sie Quanten genannt. Das hört sich eigentlich noch nicht dramatisch an, war aber vor 100 Jahren schon eine kleine Revolution. Oder denkt an einen Zigarettenautomaten. Wenn eure Mutter zum Zigarettenautomaten geht und ein Geldstück in den Automaten reinwirft, dann fallen die Zigaretten nicht einzeln raus, sondern sie kommen immer in kleinen Päckchen aus dem Automaten. Die kleinsten möglichen Einheiten haben die Physiker Quanten genannt. Mit diesen Quanten konnten dann die

Physiker plötzlich auch andere Dinge erklären. Aber es gab immer noch vieles, was noch unklar war."

„Das mit den Quanten, habe ich jetzt verstanden", bemerkte Nick. Das ist cool. „Kann ich bitte noch eine Cola haben?" Die nette Bedienung stellte lächelnd ein volles Glas hin.

„Als die Physiker die Quanten entdeckt hatten, wollten sie auch wissen, welche Eigenschaften sie haben, was sie sonst noch so alles können. Sie haben herausgefunden, dass solche Quanten gleichzeitig an zwei oder mehreren Orten sein können. Sie sind einmal ein Teilchen und dann plötzlich wieder eine Welle. Wellen breiten sich aus, sie sind nicht nur an einem Punkt vorhanden. Es ist so, wie wenn Du einen Stein ins Wasser wirfst. Dann siehst Du ja auch die Wellen, wie sie sich ausbreiten. Als Teilchen erscheinen sie aber nur, wenn wir sie anschauen oder messen."

„Nur, wenn wir sie anschauen, ist es ein Teilchen, und sonst ist es eine Welle?" fragte Pia ungläubig.

„Ja, meistens gibt es nur die Welle. Die Physiker sagen: „Wenn wir das Teilchen sehen, dann ist die Welle zusammengebrochen. Es hat einen Kollaps gegeben". Ein ganz wichtiger Forscher war Werner Heisenberg. Er hat entdeckt, dass man nicht gleichzeitig den Ort eines Teilchens und seine Geschwindigkeit angeben kann. Immer nur eins von beiden. Es ist ja wieder nach der Messung als Welle in Bewegung. Du kannst trotzdem den Weg erkennen, den das Teilchen genommen hat. Er sagte, dass durch die Messung die Welle auf den Zustand eines Teilchens überführt wurde."

„Ich kann mir das trotzdem nicht richtig vorstellen, Onkel Andy. Das soll immer so hin und her gehen? Aber warum das denn?"

„Das ist so. Unsere Welt ist so aufgebaut. Ich will dir ein anderes Beispiel geben. Hast Du schon mal Glühwürmchen bei Nacht gesehen?" „Ja, klar!" „Stell dir vor, du sitzt im Garten und beobachtest diese Glühwürmchen. Du siehst das Aufleuchten der Glühwürmchen, aber, wo sie sich in der Zwischenzeit befunden haben, das siehst Du nicht. Es ist unmöglich, eine genaue Bahn für die Bewegungen der Glühwürmchen festzulegen. Genauso ist es mit den Quanten. Wird das Teilchen gemessen, kannst Du den Ort festlegen. Wenn wir es nicht messen, dann breitet es sich aus und ist gleichzeitig an mehreren Orten vorhanden, wie eine Welle. Quanten machen Sprünge wie auf einer Leiter. Wir wissen nicht, was zwischen den Sprossen passiert."

„Das mit den Glühwürmchen hast Du uns aber sehr schön erklärt, Onkel Andy", sagt Nick.

„Ja, aber es kommt noch schlimmer, sagte ich. Die Teilchen sind nicht nur gleichzeitig an verschiedenen Orten, sie stehen auch noch miteinander in Verbindung. Das hat schon Albert Einstein erkannt. Sie haben zwei Teilchen erforscht, die sich gegeneinander bewegt haben. Wenn ein Teilchen seine Bewegungsrichtung geändert hat, dann hat sich auch das andere verändert, egal wie weit sie voneinander entfernt waren. Diese Experimente konnten später erneut bestätigt werden. Dieses Phänomen, also eine signallose und ohne jegliche Verzögerung eintretende Fernwirkung, wurde dann als sogenannte Nichtlokalität bezeichnet."

Jetzt sagten beide nichts mehr. Vielleicht war das ja alles auch viel zu viel für Kinder, die schon durch das Automuseum erschöpft sein mussten.

„Alles, was wir tun, hat Einfluss auf etwas anderes", versuchte ich die Stille zu durchbrechen. „Es gibt nichts für sich allein.

Wir sind jetzt hier und unterhalten uns. Aber gleichzeitig werden andere Dinge beeinflusst, ohne dass wir es bemerken."

„Onkel Andy, bitte erzähl uns noch von der Katze. Die von Schröders", bat Nick.

„Also die Katze ist nicht die von Schröders, sondern die von Erwin Schrödinger. Er stammte aus Österreich. Auch er war ein Physiker. Er hat ein Gedankenexperiment gemacht. Also, es hat in Wirklichkeit nie stattgefunden. Der Katze ist nichts passiert. Ihr braucht euch nicht zu sorgen. Er wollte damit nur ein Beispiel geben für die Unsicherheit, mit der im Grunde unsere ganze Welt behaftet ist. Es ist ihm damit gelungen, komplizierte Dinge so darzustellen, dass sie von möglichst vielen Menschen verstanden wurden. Das ist der Grund, warum die Katze so berühmt geworden ist."

„Aber, was war denn das mit der Katze?"

„Die Katze hat ja nie gelebt. Er hat ja nur beschrieben, wie es sein könnte. Stellt euch eine Holzkiste vor, und ihr könnt in diese Kiste nicht hineinsehen. Es können auch von innen keine Geräusche nach außen dringen. In dieser Kiste sitzt eine Katze. Sie ist gesund und munter und sie ahnt nicht, in welcher gefährlichen Lage sie sich befindet. Neben ihr in der Kiste steht nämlich ein Apparat, der ihren sicheren Tod bedeutet. Ein radioaktives Atom wird innerhalb einer Stunde zerfallen und durch einen gleichzeitig vorhandenen Geigerzähler, das ist ein Messgerät für radioaktive Strahlung, wird ein Hammerschlag ein Giftfläschchen zertrümmern. Das Gift tritt aus und tötet die Katze sofort. Die Wahrscheinlichkeit, dass dieses Ereignis innerhalb eine Stunde eintreten wird, beträgt 50%. Von außen ist überhaupt nichts zu sehen, zu hören oder zu spüren. Selbst der aufmerksamste Beobachter kann nicht feststellen, ob der radioaktive Zerfall im Innern der Kiste bereits stattgefunden hat oder noch zu erwarten ist. Radioaktive Elemente besitzen die Eigenschaft, dass ihre Atome nicht zu einem bestimmten Zeitpunkt zerfallen, sondern nur mit einer gewissen Wahrscheinlichkeit innerhalb einer bestimmten Zeitspanne. Was bedeutet das für die Katze in der Kiste? Was denkt ihr?"

„Also, die Chance, dass die Katze nach einer Stunde noch lebt, beträgt 50%", sagte Nick aufgeregt.

„Auf den ersten Blick könntest Du Recht haben. Aber nicht für die Mathematik der Quantenphysik. Für sie ist der Zustand der Katze am Ende der Stunde halb am Leben zu halb tot. Für die Quantenphysik überlagern sich beide Zustände wie Welle und Teilchen. Sie befindet sich in einem Mischzustand zwischen Leben und Tod. Selbstverständlich kann man jederzeit feststellen, ob die Katze noch lebt, wenn man die Kiste öffnet und hineinschaut. Das ist genau der Wellenkollaps. Die Welle bricht zusammen in die eine oder in die andere Richtung. Die Welle wird zum Teilchen."

„Das ist wirklich schwer zu verstehen", stöhnte Pia.

„Uns fällt es schwer dies alles zu akzeptieren. Wir haben gelernt, nur in den Kategorien der alten Physik zu denken. Das wurde uns in der Schule so beigebracht. So erleben wir jeden Tag unsere Umwelt. Deshalb verstehen wir die Ereignisse der Quantenphysik nicht."

„Wenn aber alles den Regeln der Quantenphysik gehorcht, warum merken wir dann das in unserem Alltag nicht?"

„Wir sind wieder bei den Autos angelangt. Sie sind nicht da, wenn wir nicht hinschauen. Warum? Weil sie aus Wellen bestehen. Wellen verharren nicht an einem Punkt, sie breiten sich aus. Erst, wenn wir die Wellen beobachten, werden sie zu Teilchen. Dann können wir die Autos sehen. Die Ausbreitung der Welle ist allerdings sehr langsam."

„Ihr seid bestimmt jetzt bestimmt ziemlich müde, lasst uns nach Hause fahren."

„O.k., Onkel Andy, wohin gehen wir nächstes Mal?"

Das Gilgamesch Epos ist die älteste überlieferte Geschichte der Welt. Sie hat allerdings nichts an Aktualität und Faszination verloren. Es gelingt der Erzählung noch immer, all die Themen zu berühren, die uns Menschen seit jeher bewegen. Neben Freundschaft, Liebe, Tod, Erfolg und Unsterblichkeit, geht es vor allem um die Suche nach dem Sinn des Lebens.

Danksagung

Jutta Stoerl Strienz für das Testlesen und die vielen Anregungen.
Die stimmungsvollen Fotos sind von ihr.

www.ingramcontent.com/pod-product-compliance
Lightning Source LLC
Chambersburg PA
CBHW020653220526
45464CB00001B/423